하루 20분
초등 고전 읽기

초등 3, 4학년에 시작하는

하루 20분
초등 고전 읽기

이아영 지음

비타북스

《다시, 초등 고전읽기 혁명》 저자 송재환

초등학교 현장에서 20년 이상 아이들을 가르치면서 느낀 점이 있다면 공부 잘하는 아이들은 하나 같이 독서를 열심히 한다는 사실이다. 책을 열심히 읽는 아이들 중에 공부를 못하는 아이들을 보지 못했다. 책을 읽으면 어휘력, 이해력, 배경 지식, 상상력, 창의력, 문제 해결력 등 이루 말할 수 없이 많은 능력이 굴비 엮이듯 따라온다. 때문에 책을 열심히 읽는 아이들이 공부를 잘할 수밖에 없다.

그러면 아무 책이나 많이 읽으면 되는 것일까? 요즘 아이들이 가장 많이 읽는 학습 만화나 판타지를 많이 읽어도 독서의 효과를 누릴 수 있는 것일까? 이 지점이 바로 현실 독서의 문제점이다. '책을 읽으면 좋다'라는 것은 책다운 책을 읽었을 때 이야기다. 서양 속담에 '나쁜 책만큼 나쁜 도적놈은 없다'라는 말은 나쁜 책의 위험성을 적나라하게 지적한 말이라 생각한다. 책이라고 다 같은 책이 아니다. 아이의 인생에 도움은커녕 아이의 인생을 도적질하는 책이라면 차라리 안 읽는 것이 낫다. 아이 인생에 도움이 되는 책을 읽혀야 한다.

그럼 아이에게 어떤 책을 읽혀야 하는 것일까? 필자는 주저함 없이 '고전古典'이라고 말하고 싶다. 고전은 단순히 오래된 책이란 의미로 'classic book'으로 옮기기도 하지만 위대한 책이란 의미의 'great book'으로 번역하기도 한다. 종합하면 고전은 '오래된 위대한 책'이다. 이런 고전을 읽으면 일반 책이 주는 모든 좋은 점은 물론 일반 책이 줄 수 없는 높은 통찰력, 안목, 식견, 지혜 등을 얻을 수 있다. 고전을 통해 내 아이가 보통의 아이에서 특별한 아이가 되는 것이다.

아이에게 고전을 읽히고자 하는 마음은 있으나 섣불리 실행하지 못하는 부모들에게 이 책《하루 20분 초등 고전 읽기》는 오아시스 같은 역할을 해줄 것이라 기대된다. 초등학생들이 고전을 왜 읽어야 하며 어떻게 읽어야 하는지에 대해 실전 경험에서 우러나온 진솔한 이야기를 건넨다. 고전 읽기를 어떻게 시작해야 하는지 몰라 주저하고 있던 분이라면 이 책을 읽고 자신감을 가지기 바란다. 또한 이 책을 내려놓는 순간 자녀와 같이 고전을 읽어가길 추천한다. 아이의 인생이 달라지고 부모의 인생도 달라질 것이다.

'그 사람의 미래가 궁금하면 그 사람의 손을 보라'는 말이 있다. 그 사람의 손을 보면 읽고 있는 책이 손에 있을 것이다. 그 책을 보면 그 사람의 관심사가 보이고 그 사람의 미래가 보이는 법이다. 지금 자녀의 손에는 어떤 책이 들려 있는가? 자녀의 손에 고전을 쥐어줘 보라. 아이의 미래가 달라질 것이다. 사람은 책을 만들지만 책은 사람을 만든다.

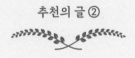

《영어 그림책의 기적》저자 전은주

"뭐?《논어》《명심보감》같은 책을 초등 아이와 읽으라고? 말이 돼?"

처음에는 불가능하다고만 생각했다. 마크 트웨인이 그랬다지. "누구든지 제목은 알지만 제대로 읽은 사람은 없는 책이 바로 고전"이라고. 초등 고전 독서도 그런 것인 줄 알았다. 누구든 해보고 싶지만 제대로 해본 적은 없는, 거대한 프로젝트!

하지만《하루 20분 초등 고전 읽기》를 읽고 난 지금은 생각이 달라졌다. 고전 해석은커녕 한자 실력도 변변찮은 나도 아이와 함께 논어를 읽을 수 있겠다는 희망이 생긴다. 저자도 마흔 넘어서야 처음 논어를 읽었고, 그 첫 번째 논어 공부 친구가 바로 중학생 딸이었다고 말하고 있다. 함께 책을 읽으며 공자님 말씀이 무슨 의미인지 찾아갔다고, 각자 마음에 와닿은 구절을 이야기하는 과정 속에서 부모도 아이도 만족감을 느꼈다고 말이다.

그 이후로도 저자는 근무하는 도서관에서 수많은 초등학생, 학부모와 고전을 읽어 나갔다. 그때마다 '과연 할 수 있을까?'를 걱정하는 어른들과 달리 아이들은 자기 그릇에 맞게 내용을 소화하고 저마다 성장을 이루었다. 책에서 증언하는 성장은 단순히 어휘력이 늘고 공부머리가 생기는 차원을 뛰어넘었다. 초등 아이들이 자기 인생을 두고 무엇이 옳고 그른지, 무엇을 위해 어떻게 살아가야 할지 등 철학적 질문을 던지기 시작했다.

그렇게 되기까지 저자는 아낌없이 자신만의 고전 읽기 노하우를 풀어낸다. '고전에 어떻게 접근할 것인가'와 같은 거시적인 질문부터 사소하지만 결정적인 고전 읽기 팁까지 탈탈 털어 제공한다. 이를테면 아이와 부모가 각자 자신만의 고전 책을 사도록 한 이유에 대해 '누가 누군가를 일방적으로 가르치기 위함이 아니라 고전을 자기만의 것으로 소화하는 과정'이라고 설명한다.

아이와 함께 고전을 읽기 전에 가장 중요한 한 가지도 당부한다. 어려운 구절을 만났을 때 어른의 바닥이 드러날까 봐 두려워하기보다 그저 모름을 인정하면 된다는 조언은 소탈하면서도 진중하다. 그저 짱 좋은 구절(짱구)을 함께 읽으며 아이와 생각을 나누는 시간, 그 정도로 생각하면 누구라도 쉽게 인문 고전 읽기를 시작할 수 있을 듯하다. 저자의 말을 빌려 나도 제안해본다. "독서 준비 기간을 오래 두기보다 일단 시작하는 쪽을 택하세요." 당장 한 장만 읽어도 한 걸음 더 나아갈 수 있는 힘을 얻을 수 있는 게 고전임을 기억하고 싶다.

이 책을 덮으며 가장 부러웠던 점은 고전을 읽는 동안 아이와 부모가 만든 추억, 즉 함께 쌓아올린 신뢰다. 부록은 저자의 남편이 딸과 함께 논어를 읽으며 주고받은 편지 내용이다. 가장 인상적인 부분은 "엄마와 동생을 위해 기도한다면서 왜 아빠는 빼먹었냐"는 질투 어린 대목이다. '아, 보통 아빠구나. 이 아빠가 한다면 나도 할 수 있겠구나.' 아빠가 딸에게 가장 많이 남긴 말은 바로 이것이다. "사랑해!" 그 말이라면 나도 정말 자주, 잘할 수 있을 것 같아서 용기가 생긴다. 이제는 나도 아이와 고전을 읽어볼 수 있을 것 같다.

효자초등학교장 장은수

우리는 날마다 새로운 기본^{new normal}이 세워지는 불확실성의 시간을 살아가고 있다. 개인이나 인류 전체가 이전에는 경험하지 못한 혼돈 속에서 어떻게 대처하고 살아가야 할지를 생각한다. 다음 세대를 준비하고 키워가야 할 학부모와 교사, 즉 모든 어른들의 고민인 셈이다. 어떻게 해야 자녀들이 행복하게 자라날 수 있을까?

다람쥐 쳇바퀴 돌 듯 학원가를 배회하는 아이들에게 삶을 바꿀 누군가와의 만남을 주선하고 싶던 차에 반가운 출간 소식을 들었다. 《하루 20분 초등 고전 읽기》를 출간한 이아영 작가는 전임지인 서천초등학교(용인 소재)에서 나와 함께 '인문 고전 독서 프로젝트'를 주도적으로 진행했던 사서 선생님이다. 이 선생님은 한마디로 '열정' 그 자체다. 덕분에 당시 서천초등학교는 전국도서관운영평가에서 국무총리상을 수상했다. 그 열정을 대학원 석·박사 과정에 쏟아 인문 고전 독서 관련 연구를 이어갔고 무사히 학위를 취득했다. 그런 이아영 선생님이 온몸으로 땀 젖어 쓴 책을 추천할 수 있다니 설렘으로 가득하다.

인문 고전이 좋은 줄 알면서도 선뜻 접근하기 두려워하고, 자녀들에게 읽히고 싶지만 어떻게 지속적으로 함께할 수 있을까 걱정만 하다 지레 포기하는 분들이 많다. 《하루 20분 초등 고전 읽기》는 그런 학부모를 위한 책이다. 고전 읽기 실전 워크북처럼 사례를 덧붙여 생생한 감동을 풀어내고 있어 더욱 기쁘다. 이 책은 아이들에게 고전이라는 '보물'을 만나게 해줄 좋은 안내서가 될 것이다.

독서는 여행이다. 특히 인문 고전 독서는 인간이 가진 본성을 일깨우며 다양한 사람들의 사고를 마주하는 여행이다. 고전이 인간에 대한 깊은 통찰과 삶의 지혜를 어떻게 담아내고 있는지 함께 배우며 다음 세대를 준비했으면 한다. 역사학자이자 《사피엔스》의 저자 유발 하라리는 또 다른 저서 《21세기를 위한 21가지 제언》에서 '다음 세대에게 필요한 것은 무엇이며 어떻게 제공할 것인가?'라는 물음에 "강한 정신적 탄력성과 풍부한 감정적 균형감이 필요하다"고 답했다. 아울러 교육은 4C, 즉 비판적 사고critical thinking, 의사소통communication, 협력collaboration, 창의성creativity을 기르는 방향으로 전환해야 한다고 제언했다. 아이들의 생각하는 힘과 마음의 근육을 키워줄 인문 고전 읽기 프로젝트, 전국 각지 교사와 학부모들에게 그 시작을 이 책과 함께해보라 권하고 싶다.

모두가 부러워하는 손흥민 선수 뒤에는 아버지 손웅정 씨의 독특한 훈련법이 있다. 첫째는 인성을 다지는 것, 둘째는 기본기에 충실한 훈련이다. 셋째는 아버지가 손흥민 선수와 함께, 똑같이 훈련한다. 즉 핵심은 인성과 기본기 그리고 '함께'에 있다. 인문 고전 독서는 통독-정독-반복-사색-깨달음의 과정을 거쳐야 한다고 알려져 있다. 그러니 이 독서 습관의 핵심은 아이들의 생각을 머금게 하는 것, 질문하고 생각을 나누는 일, 여기에 부모가 '함께하는 것'임이 분명하다.

고전은 지금까지와 다른 눈으로 세상을 보게 한다. 아이들에게 삶을 견딜 만한 힘을 제공한다. 이 책을 기회로 자녀 혹은 제자들과 생각을 나누는 '인문 고전 독서 여행'에 동행해보자. 분명 행복으로 가는 꿈의 보물지도를 아이들에게 선물할 수 있을 것이다.

한 권의 책이라도
제대로 읽히려면…

부끄러운 이야기지만 나는 40세 이전에 논어나 명심보감, 소학 같은 고전을 읽어본 적이 없다. 그러던 중 9년 전 우연히 초중고생의 잘못된 독서 패턴을 꼬집는 신문 기사를 접하며 생각이 많아졌다. 독서량은 늘고 있는데 독서 시간은 오히려 줄고 있다니, 이는 아이들이 수박 겉핥기로 책을 빨리 읽는 데만 급급하고 있다는 얘기였다. 학교 현장에서 아이들 독서 교육을 담당하고 있던 터라 이 문제가 더 깊이 다가왔던 것 같다. 당시 내가 느끼는 학생들의 독서 습관에도 어느 정도 문제가 있어 보였다. 나는 곧장 교장 선생님께 상황을 설명하고 대안을 논의했다. 가장 먼저 '다독아'에게 주던 상을 모두 폐지했다. 한 권의 책이라도 깊이 읽는 방법을 고민하다가 그 끝에서 '고전 읽기'를 떠올렸다.

고 신영복 교수는 저서 《강의》의 서론에서 자신이 동양 고전을 처음 접하게 된 계기를 설명한다. 초등학교 6학년이 될 때까지 할아버지 사랑방에 자주 불려가 고전을 읽었다는 것이다. 어린 날부터 습관처럼 읽은 동양 고전에 특별한 의미를 부여할 수는 없지만 그에게 고전은 심층의 정서로 남아 있다. 그가 본격적으로 동양 고전에 관심을 가진 시기는 감옥에 들어간 이후였다. 재소자는 책을 세 권 이상 소지할 수 없었는데 고전은 '한 권을 가지고도 오래 읽을 수 있는 책'이었다.

말 그대로 고전은 오래 두고 읽을 수 있는 책이다. 그는 고전 독서에 있어서 별다른 지름길이나 편법은 없다고 강조하며 읽다가 마음에 드는 구절이 나오면 반복해서 읽고 암기하라고 권한다. 간단하면서도 명확한 신영복 교수의 말이 나에게 자신감을 줬다. 그렇게 초등학교 아이들을 대상으로 고전 읽기가 시작되었다. 읽다가 마음에 드는 구절을 반복해서 읽고 그 구절이 왜 마음이 들었는지 느낌을 나눠보는 시간, 그게 내가 생각하는 고전 읽기였다. 당시 내가 재직 중인 초등학교 3~6학년 전교생은 한 학기에 고전 한 권을 정해 반복해서 읽었다. '인문 고전 독서 프로젝트'라는 거창한 이름이 붙었지만 사실은 그게 전부였다. 고전에 대해 아는 것이 없는 우리들이지만 별다른 지름길이 없다니 그냥 읽고 또 읽은 것이다.

그즈음 큰딸 하은이는 중학교 2학년 나이에 외국에서 학교를 다니고 있었다. 우리 학교 아이들은 초등학생 때부터 고전을 읽는데, 심지어 작은딸 성은이도 엄마랑 같은 학교에 다니면서 이미 고전을 접했는데 큰아이와 이 좋은 시간을 나눌 수 없다니. 아쉬운 마음에 나는 국제우편으로 딸아이에게 《논어》와 《명심보감》을 보냈다. 큰딸 하은이에게도 똑같이 당부했다. 일주일에 논어를 1편씩 읽고 필사하기, 가장 마음에 드는 구절과 그 이유를 설명하기. 아이는 그날로 아빠와 논어 나눔을 시작했다. 타지에 있는 딸에게 답장하기 위해 아빠도 논어를 열심히 읽었고 그 둘은 8개월간 이 과정을 이어갔다. 가족끼리 같이 읽는 고전, 아이와 부모가 진솔하게 나누는 독서 후기. 이 책이 세상에 나온 가장 큰 원동력은 아마도 그 시절에 있는 듯하다.

책의 본문에서도 자세히 소개했지만, 큰딸 하은이는 입학 면접 때 논어 문구를 인용해서 좋은 결과를 얻었다. 또한 중학생 때까지는 글쓰기로 상을 받은 기억이 거의 없으며 한 번도 논술 학원에 다니지 않았다. 그런데도 논술 전형으로 대학에 입학했고 둘째 성은이도 언니에 이어 논술 전형으로 대학에 입학했다. 물론 이런 것을 미끼로 고전 독서의 필요성을 얘기할 생각은 없다. 다만 이런 계기를 통해서라도 고전 읽기에 호감을 갖게 된다면 그것으로 만족한다. 고전은 아무리 쉬운 문장이라도 깊은 뜻과 짜임을 갖추고 있다. 그래서 언뜻 이해가 안 되는 문장도 반복해서 읽으면 어느새 그 의미를 마음으로 받아들이게 된다. 그렇게 나와 세상을 새로운 시선으로 발견하게 된다. 그 매력적인 책 읽기를 초등 3, 4학년 적기에 마음먹고 시작하기를 바랄 뿐이다. 그 과정에 《하루 20분 초등 고전 읽기》가 가교 역할을 해준다면 더없이 기쁠 것이다.

1년 전 비타북스 출판사의 햇님 과장님과 본부장님이 내 논문을 발견하고 원고를 써 달라고 도서관에 찾아왔다. 그때는 이미 오래 전 일이라며 정중히 사양했는데 한편으로는 공공 도서관 현장에서 근무하는 사서로서 특별한 지식이 없어도 누구나 고전 독서를 시작할 수 있다는 것을 증명하고 싶었다. 고전 읽기 프로젝트를 시행하는 학교에 다니고 있지 않아도, 고전에 관심이 있는 부모와 아이라면 누구든 당장 고전 독서를 시작할 수 있다고 말이다.

다행히 도움 주신 분들이 많다. 내 피리 소리에 맞춰 함께 춤을 춰준 고마운 분들 중 으뜸은 우리 도서관 이용자들이다. 현재 내가 근무 중인 강남구립못골도서관은 개관한 지 3년이 채 안 되었지만 다행히 책 읽기를 사랑하는 열정 이용자들이 많다. 책 안에 소개한 독서 동아리 '고수족'은 나와 함께 가족 인문 고전 읽기를 진행하고 있다. 초등 4학년 아이들과 엄마들 다섯 쌍이 모여 《명심보감》을 읽었는데 누구나 고전 독서를 시작할 수 있다는 것을 증명해줘 더 의미가 깊다. 매일 조금씩 동양 고전을 읽는 시간이 어려운 이유는 꾸준함 때문이다. 그럼에도 함께 읽고 모이는 시간을 좋아해준 시후, 태린이, 주원이, 세린이, 예주네 가족 덕분에 나도 끝까지 기분 좋게 모임을 꾸려갈 수 있었다.

또한 이 책이 세상에 나올 수 있도록 도서관으로 직접 찾아와 내게 용기를 주고 막히는 순간순간 함께 고민하고 노력해준 햇님 과장님과 출판사 분들께 진심으로 고마움을 전하고 싶다. 평생을 바쳐 전국 방방곡곡에 마을 단위 작은 도서관을 만들고 계신 '작은도서관만드는사람들' 김수연 대표님, 언제나 묵묵히 지지해주시는 변현주 처장님, 그리고 든든한 강남구립도서관 동료 관장님들, 나의 둥지 못골도서관을 빛나게 밝혀주시는 사서 선생님들께도 이 지면을 통해 감사 인사를 남긴다. 마지막으로 원고 쓰는 내내 기도와 격려로 후원해주신 사랑하는 엄마, 아빠와 누구나 고전을 읽을 수 있다는 것을 제일 먼저 증명해준 한결같이 내 편인 남편 경윤 씨, 엄마 딸이어서 고마운 딸 하은, 성은이에게 사랑과 고마움을 표한다.

이아영

매일 20분
가족 고전 읽기 후기

옛것을 배우는 가족들 '고수족'은 강남구립못골도서관에서 운영하는 가족 고전 독서 동아리 중 하나다. 초등 4학년 아이와 엄마 다섯 쌍이 모여 동양 고전을 읽어 나간다. 《명심보감》을 끝마친 아이들과 엄마들의 후기를 소개한다.

시후네 집

시후

고전 읽기 모임을 처음 시작한다고 했을 때 낯설고 떨리는 마음이 들었다. 또 읽기로 정한 책 제목이 어렵고 표지도 심심하게 생겨서 지루할 것이라는 느낌이었다. 그런데 막상 읽어보니 생각보다 흥미롭고 책에 나오는 말들이 멋져서 꽤 마음에 들었다. 게다가 평소에 알고 있던 4학년 친구들과 같은 책을 읽고 인터넷 카페에 글을 올리 수 있다니. 이번에는 어떤 구절을 골라서 무슨 내용으로 쓸까 고민하면 그 생각만으로 설렘을 느꼈다. 다음 시간에는 무엇을 할지도 늘 기대된다. 혼자만 읽는 것이 아니고 엄마, 친구들과 함께 읽어서 더 재미있다. 만약 나 혼자 읽었더라면 지금처럼 재미있지는 않았을 것 같다.

전에는 책을 하루 만에 뚝딱 다 읽어버리곤 했는데 이제는 전보다 느리게 책을 본다. 그리고 더 생각하며 읽게 된다. 그렇게 하면 책 내용에 대해 더 많이 상상할 수 있고 더 잘 이해할 수 있다.

《명심보감》 2편 '하늘을 두려워하라'

2장

'하늘은 고요하여 소리가 없어 푸르고 푸르른데 어디에서 찾을까
높지도 않고 멀지도 않아 사람의 마음이 그곳이라네.'

_ 소강절

이 글의 표현은 참 멋지다. 마음이 하늘이라는 뜻이다. 우리 마음이 하늘이라고 해서 이 글이 마음에 들었지만 처음에는 살짝 이상했다. 우리 마음도 두려워해야 한다는 것인가? 정답은 맞다. 우리 마음도 두려워해야 한다. 그 이유는 우리 마음가짐에 따라 미래가 바뀔 수 있기 때문이다. 그래서 생각을 더욱 신중하게 해야 한다. 나는 이 책을 보고 내 마

음을 잘 조절해야 된다는 것을 다시 깨달았다.

책을 읽다보면 글을 쓰신 분들의 이름이 나오는데 왜 공자, 맹자, 장자처럼 '자' 자로 끝나는 이름이 많은지 궁금했다. 또 어떻게 아주 옛날 사람들의 이야기를 현재 시대로 가져와 나와 친구들이 함께 읽을 수 있는 것인지 생각하다가 역사에 관심을 갖게 되었다. 나는 고전 읽기가 좋고 친구들과 함께할 수 있어서 더욱 좋다. 《명심보감》 말고도 또 다른 책을 계속 읽으며 우리 모임이 오래오래 계속되었으면 좋겠다.

시후 엄마

아이와 고전 읽기 모임을 시작하기에 앞서 이 모임의 성격과 필요성, 진행 방식을 듣기 위해 모였을 때 이아영 관장님이 해주신 말씀 중 "말로 설명하지 못하면 아는 것이 아니다"라는 내용이 떠오른다. 이 뜻깊은 문장은 평소 말이나 글로 내 생각을 표현하는 것이 절대적으로 부족한 나를 긴장하게 했다. 남들 앞에서 나 자신을 표현하는 능력이 너무 부족하고 그런 상태로 이미 오랫동안 살아왔는데 이제 와서 나를 드러낼 필요는 없지 않나 하는 약한 마음이 들었기 때문이다. 되도록 피하고 싶었지만 한편으로는 아이에게서 이런 내 모습이 나타난다면 그건 그것대로 보고 싶지 않았다. 나는 물론이고 아이의 발전을 위해서 늦었지만 더 노력하는 게 맞겠다는 의무감이 들었다.

그렇게 시작한 우리의 고전 읽기는 아이뿐 아니라 나 자신도 함께 성장하는 배움의 시간이었다. 고전은 자주 흔들리는 마음 속 기준을 어떻게 잡으면 좋을지 많은 힌트를 제공한다. 명심보감 7편 15장에는 '마음이 편안하면 초가집도 편안하고 성품이 안정되면 나물국도 향기롭다'라는 글이 나온다. 이 글은 평화롭고 여유로운 시간을 만끽하는 삶을 살아가기 위해서는 내 마음이 먼저 평온하게 안정되어야 한다고 말한다. 모든 일의 좋고 나쁨은 내가 마음먹기에 달렸다는 사실을 우리는 이미 알고 있다. 이것이 지혜로운 삶의 이치임에도 우리는 그 마음을 다스리지 못해서 충분히 누릴 수 있는 삶의 기쁨을 괴로움으로 만들어 간다. 주변 환경과 상황을 탓하기에 앞서 내 마음을 항상 점검해보고 삶을 풍요롭게 만들고 싶다는 생각을 고전을 통해 하게 되었다.

평소 우리 아이는 책을 제법 즐겨 읽는 편이지만 정독보다는 다독 성향이 강했다. 그러나 고전 읽기를 통해 책을 나눠 읽는 습관을 기를 수 있었고 필사, 음독 등으로 느리게 책을 읽으며 내용을 더 깊이 이해하는 태도를 깨달은 듯하다. 이런 과정은 그동안 아이와 내가 놓치고 있던 책 읽기의 아주 중요한 부분을 일깨워줬다. 또한 고전은 아이가 평소 조금 어렵게 느끼던 한자어를 자연스럽게 익혀 나가기에 좋은 책이다. 간결한 문장으로 깊은 뜻을 함축해 표현하는 방법을 간접적으로 배울 수도 있다.

아이가 책을 읽고 독후 활동으로 쓴 글을 읽으면 나도 모르게 놀란다. 아이의 마음은 내가 생각했던 것보다 더 깊었고 그것을 글로 잘 표현해서 무척 대견했다. 물론 아직 더 배우고 생각을 다듬어가야겠지만 그 부족한 부분까지 같이 볼 수 있어서 좋았다. 어떤 식으로 채워줄지를 고민할 수 있으니까. 지금처럼 매일 꾸준히 그리고 느리게 책을 읽어가며 그 의미를 되짚어보는 독서를 해나간다면 아이 생각이 지금보다 훨씬 더 크게 자랄 것이라 기대한다.

태린이네 집

태린

고수족을 하면서 명작과 고전에 관심이 생겼고 이전보다 글밥이 많은 책을 조금씩 읽기 시작했다. 지금까지 읽은 내용 중 명심보감 11편 38장 '황금이 귀한 것이 아니라 안락함이 훨씬 더 값진 것이다'라는 구절이 가장 기억에 남는다. 가장 최근에 읽은 부분인데 황금은 쓰면 바로 없어지고 갖고 있어도 누가 가져갈까 혹은 잃어버릴까 늘 걱정이 될 것 같다. 하지만 안락함은 내가 갖고 싶은 어떤 물건을 가질 수는 없어도 마음만은 편안해질 것이다.

마음이 편하지 않으면 불편해지고 불편해지면 불행해지는 것 같다. 요즘 같은 코로나 시대에는 더욱 그런 생각이 든다. 엄마, 친구들과 함께 고전을 읽으니 어른들과 친구들의 각기 다른 생각을 알 수 있어서 참 좋았다. 그리고 명심보감은 나에게 지혜를 주는 것 같고 글들이 재미있게 느껴질 때가 있다. 다만 필사가 힘들고 매번 꾸준히 그때그때 기록하는 게 힘들었다. 그래도 친구들과 함께 지금처럼 재미있게 고전을 읽고 싶다.

태린이 엄마

아이와 고전 읽기 모임을 만든다고 했을 때 소설 위주의 책을 좋아하는 우리 아이가 가장 먼저 떠올랐다. '이야기도 없고 어려운 고전을 과연 읽을 수 있을까?' 싶은 생각이 들어 고민했다. 그런데 늘 '고전이란 뭘까?' 정의를 찾고 있던 나였기에 이참에 아이와 함께 고전을 읽고 배우며 정답을 찾아갈 수 있으면 좋겠다고 생각했다.

고전 모임 첫 시간, 관장님이 고전에 대해 명쾌히 설명해주시고 《명심보감》으로 책을 정했을 때 나는 이미 《논어》에 관심을 갖고 있었다. 그러니 나에게는 좋은 시간이 될 게 분명했지만 아이가 잘 받아들일지 계속 걱정했다. 그런데 막상 책을 읽으며 아이와 이야기를 나눠보니 내 생각보다 아이는 더 큰 사고를 가지고 있었다. '마냥 어리지 않구나'라는 생각에 얼마나 자주 놀랐는지 모른다. 특히 '아이를 사랑하거든 매를 많이 때려주고 미워하거든 먹을 것을 많이 쥐라'라는 구절을 아이가 당연하게 받아들이고 있음에 놀랐다. 나에게 혼난 날이면 "엄마 미워!"라고 말하던 아이였는데 말이다.

나 또한 일상 속에서 명심보감의 구절을 떠올리며 마음을 다잡거나 되돌아본 날이 많다. 그런 시간이 내게 평안을 주기도 했다. 그중 7편 3장 '매우 어리석은 사람도 다른 사람을 탓할 때는 똑똑하다. 매우 총명한 사람도 자신을 용서할 때는 잘못을 범한다. 너희들은 다른 사람을 탓하는 마음으로 자신을 꾸짖고, 자신을 용서하는 마음으로 다른 사람을 용서하거라'가 가장 기억에 남는다. 이 말은 나의 마음을 위로했고 나를 더 단단하게 해줬다.

고전 모임을 이어가며 나름 어려움도 있었다. 태린이랑 앞으로 같은 책을 읽고 필사도 같이 하자며 시작했는데 뭔가를 꾸준히 매일 한다는 게 이 정도로 어려운 일일 줄이야. 가족 행사로 며칠씩 어딜 다녀오거나 갑작스러운 일정이 생기면 다시 시간을 내야 했고 그래서 스스로 반성도 많이 했다. 아이한테는 매일 과제를 시키고 안 하면 혼내곤 했는데 그게 너무 미안해진 것이다. '내가 좀 더 이해해줄걸. 칭찬도 많이 할걸…' 말은 쉽지만 직접 행동하는 것은 쉽지 않음을 절실히 느꼈다.

태린이는 고전 모임 이후 글밥이 많은 책에 부쩍 관심을 갖게 되었다. 다른 고전 책에도 관심이 생겨서 초등 논술 필독서인 명작, 고전을 더 많이 찾는다. 나에게는 고전이 스스로를 돌아보게 하는 시간, 마음을 더 단단하게 해주는 시간이었는데 앞만 보고 가던 아이에게도 이 시간이 좋은 영향을 미친 것 같아서 관장님께 너무 감사하다.

주원이네 집

주원

처음에 엄마가 독서 동아리를 하자고 해서 시작했다. 《명심보감》을 읽고 이야기하는 것이라 했다. 책 읽기는 좋지만 명심보감은 싫었다. 책에서 나오는 낱말이 너무 어려워 보였기 때문이다. 책 내용은 어려웠지만 친구들과 같이 읽어서 좋았다. 인터넷 카페에서 다른 친구들 생각을 엿볼 수 있어 재미있었고 동아리 모임에서 발표하는 시간도 좋았다. 그런데 코로나 때문에 도서관에서 모인 날보다 줌으로 만난 날이 더 많다. 직접 만날 때가 더 재미있었다. 관장님이 가져온 벌집 모양 포스트잇에 마음에 드는 구절을 적어 발표하는 게 즐거웠다. 친구들 의견이 다 달라서 신기하기도 했다.

명심보감을 읽고 나서 마음이 커진 기분이다. 마음에 드는 구절을 읽고 생각을 많이 했기 때문인 것 같다. 마음에 드는 구절이 나오면 그 시대 역사도 자세히 알고 싶어진다. 그래서 역사책에도 관심이 생겼다. 한국사는 재미있어서 종종 책으로 봤지만 다른 나라 역사도 궁금하다. 이제는 또 다른 고전도 읽어보고 싶다. 그래서 집에 있는 《피노키오》를 읽기 시작했다. 어릴 때 읽은 피노키오는 짧았는데 이 책은 두꺼워서 놀랐다. 도서관에서 친구들과 모여서 또 동아리 활동을 하고 싶다.

주원이 엄마

고전 동아리 이야기를 처음 들었을 때는 엄마도 제대로 읽은 적 없는 고전을 아이와 함께 읽을 수 있을지, 읽고 이해나 할 수 있을지 걱정이 되었다. 하지만 이번 기회가 아니면 언제 고전을 읽을까 싶어서 큰아이를 설득했다. 그렇게 시작된 읽기는 생각보다 재미있었다. 동양 고전은 전부 한문이어서 어려울 것이라는 선입견, 옛날 책이니 요즘 시대와 맞지 않는 부분이 많을 것이라는 생각이 지배적이었는데 막상 읽어보니 '이래서 고전, 고전하는구나'라는 마음이 들었다. 동시에 '왜 좀 더 빨리 읽지 않았을까' 하는 아쉬움을 느꼈다.

고전을 읽어 나갈수록 고전 읽기 동아리를 하길 잘했다는 생각이 들어 감사했다. 같은 책을 읽고 있는 아이 친구들, 엄마들 덕분에 책에 적힌 한 줄 글에도 많은 사고와 다양한 시각이 들어 있음을 깨달았고 서로 의견을 나누고 토론하는 시간 자체가 배움이었다. 아이들은 다른 의견을 나누는 토론이 익숙하지 않았지만 다름을 존중하는 자세를 무의식적으로 느끼는 것 같았다.

고백하자면 처음 고전 동아리를 시작할 때 큰아이는 고전 자체보다 친구들과 모이는 데 목적이 있었다. 나 또한 큰아이의 교육을 위하는 마음이 우선이었다. 그런데 같이 책 나눔을 하며 아이도 나도 다양한 생각을 하게 된 것 같다. 내면에 무게감이 생긴 느낌이랄까? 지금 우리는 코로나 시대라는 너무 암담한 상황에 놓여 있지만 우리 고전 읽기 모임은 그 시기에 위안과 희망을 가져다 줬다.

결과적으로 큰아이와 이야기를 나눌 시간이 늘었고 아이가 책을 읽고 그 내용을 실천하려는 노력을 목도할 때마다 나는 감동했다. 요즘 큰아이는 동양 고전뿐 아니라 서양 고전도 책장에서 꺼내 읽기 시작했다. 사실 나조차 읽지 않은 고전이 많은데 아이를 보며 더 분발해야겠다는 마음이 든다. 엄마와 누나가 책 읽는 모습을 자주 접하는 둘째도 나와 비슷한 마음인지 자기가 엄마 아빠에게 책을 읽어주고 싶다고 한다. 그래서 요즘 둘째는 저녁마다 하루 한두 장씩 엄마 아빠에게 책을 읽어준다. 둘째는 조만간 아빠와 같이 고전 읽기를 시작하려 한다.

⌃ 세린이네 집

세린

나는 책을 그리 즐겨 읽지 않고 만화책 위주로 읽곤 했다. 또 한국어보다 영어로 된 책을 주로 읽었는데 억지로라도 한글로 된 고전을 읽으니 조금씩 한국어에 자신감이 생겼다. 이제는 한글로 된 책을 접해도 거부감이 크게 들지 않는다.

고전을 혼자가 아닌 친구들, 엄마와 함께 읽으니 읽기 싫은 마음보다 나와 같은 글을 읽은 사람들이 어떤 생각을 할지가 더 궁금했다. '어떤 구절이 마음에 들었을까?' '왜 좋았을까?' 이런 게 궁금해서 온라인 카페에 올라온 다른 사람들 글도 유심히 보게 된다. 이렇게 사람마다 생각이 다를 수 있다는 사실이 놀랍고 신선하다. 또 내 글에 누군가 댓글을 달아주고 공감해주면 왠지 모르게 으쓱한 마음이 들어 '다음에는 더 잘 써봐야지!' 하는 생각도 든다. 이 모임을 통해 나는 엄마의 행동과 마음을 조금 더 이해하게 되었다. 엄마의 사랑 또한 잘 느껴진다.

세린이 엄마

처음 아이 친구 엄마에게 고전 읽기 제안을 받았을 때 반가운 마음 반, 불안한 마음 반으로 고민했다. 왜냐하면 우리 아이들은 미국에서 태어나고 쭉 자라다가 한국에 온 지 겨우 1년밖에 안 되었기 때문이다. 아직 우리말을 배우는 중인데 동화도 아니고 어른도 이해하기 어려운 고전을 읽을 수 있을까 싶었다. 며칠을 고민하고 아이와 상의한 끝에 한번 해보기로 했다. 엄마인 내 입장에서는 사실 책을 별로 읽지 않는 아이이니 억지로라도 읽게 하려는 꼼수이기도 했다.

고전 읽기 초반에는 나도 이해하기 어려운 글을 아이가 질문할 때 대답해주는 과정이 정말 쉽지 않았다. 고어가 많은 데다 인생을 어느 정도 살면서 여러 경험을 겪어야만 이해할 만한 내용이 많았기 때문이다. 그래서 그 의미를 어떻게 전해야 아이가 이해할 수 있을지 고민이 많았고 생각처럼 잘 전달이 안 될 때도 있었다. 아이의 이해를 돕기 위해 내 경험담, 평소 아이의 행동과 생각 등을 모두 활용해 설명했다. 아이는 조금씩 의미를 이해했다. 글이 가진 뜻뿐 아니라 내 마음과 본인의 마음까지 알아가려고 노력하는 게 보였다.

동생이 고전을 읽으니 언니인 첫째도 조금씩 관심을 보였다. 그렇게 같이 읽기 시작해서 가끔은 서로 고전 글귀를 인용해 대화하거나 말싸움을 할 때도 있다. 물론 본인에게 유리한 문구를 들어 가면서. 나처럼 '어른도 이해하기 힘든 글을 아이가 읽는 게 과연 얼마나 도움이 될까?' 의문을 갖는 엄마들이 많을 것이다. 하지만 어른들이 생각하는 것보다 아이의 사고는 더 깊다는 사실, 그 생각이 어디로 가 닿을지 누구도 장담할 수 없다는 사실을 경험으로 깨달았다. 이제는 확신한다. 엄마가 초등 적기 아이에게 고전을 접할 기회를 제공하는 것은 아주 멋진 일이다.

예주네 집

예주

4학년 친구들이랑 엄마랑 같이 1~2주에 한 번 모이는 고전 읽기를 한다고 했을 때 정확히 방법은 몰랐다. 하지만 친구들이랑 또 엄마랑 함께 한다는 사실이 너무 좋았다. 독서 모임이라는 것 자체가 신기해서 해보고 싶었다. 비록 한 번 모이고 코로나로 인해 주로 줌으로 모였지만 재미있었다. 인터넷 카페에서 글을 쓰고 소통하는 것이 무엇보다 좋았다. 혼자 읽고 마는 것보다 엄마, 친구들이랑 이야기를 나누니 집중도 더 잘되는 것 같다. 예전에는 책을 읽을 때 재미있어 보이는 부분만 골라 읽고 두껍거나 글씨가 많으면 안 보려 했다. 그런데 고전을 읽고부터 두껍더라도 일단 읽어보게 된다. 막상 읽으면 그리 어렵지 않다. 《명심보감》도 마찬가지다. 단어가 어려운 부분도 있지만 글 전체를 보면 어떤 내용인지 짐작이 된다.

한 가지 바람이 있다면 더 자주 만났으면 한다. 줌이나 인터넷 카페도 재밌지만 실제로 만나 책 읽고 얘기하는 과정이 훨씬 재밌다. 친구들, 엄마들, 관장님과 함께 이야기하다 보면 시간도 금방 가고 모르는 것도 많이 알 수 있어서 좋다. 다른 고전 책도 읽고 싶다. 고수족 모임을 오래오래 했으면 좋겠다.

예주 엄마

아이 친구 엄마가 추천해서 고수족을 시작하게 되었다. 나만 하는 것이라면 하고 싶은지 아닌지만 고민하면 될 텐데 아이가 함께하는 것이니 예주에게 우선권을 줬다. 물론 아이는 친구들과 고정적으로 만날 수 있다는 사실에 무조건 좋다고 했다. 막상 하겠다고는 했지만 방법을 몰라서 선뜻 감이 오지 않았고 아이와 함께 고전을 읽으며 의견을 주고받을 생각을 하니 더 부담스러웠다. 나와 달리 의욕적인 예주 모습을 보며 힘을 낼 수 있었다. 어리게만 느꼈던 아이의 요즘 생각과 고민을 알게 되면서 나는 아이와 점점 가까워졌다.

첫 번째 책은 《명심보감》이었다. 초반에는 '이게 무슨 말이지?'라는 생각과 모든 문장에 의문이 들었는데 한두 편 진행하면서 나도 모르게 내 일상이 고전으로 채워졌다. 보면 볼수록 내 생활에 응용할 내용이 가득했다. 더는 읽는 과정이 부담스럽지 않았다. 가족들과 고전 내용을 나누면서도 이 책에 적힌 이야기가 현재 처한 상황과 비슷해서 놀랄 때가 많다. 앞이 꽉 막혀 답답한 느낌이 들다가도 '옛날에도 이런 일은 있었구나' '사람이 살아가는 과정은 이렇게 똑같구나' 하며 위안을 받는다.

올해 열 살인 둘째는 지난해 엄마와 누나가 고전을 읽는 모습을 보더니 어느새 《명심보감》을 읽기 시작했다. 그리고 마음에 드는 구절과 이유를 자기 독서록에 쓰곤 한다. 그래서 한번은 뜻을 아는지 물었는데 자기가 읽고 이해되는 구절만 골라서 노트에 적고 있었다. 아이가 자기 식으로 책의 의미를 해석하고 이야기하는 모습이 놀라웠지만 자연스럽게 고전 읽기에 발을 들인 것이 흐뭇하기도 하다. 고전 책에 적힌 내용이 100% 맞다고 볼 수는 없지만 예로부터 현재까지 읽히는 데는 그만한 이유가 있다고 생각한다. 아이도 나도 고전을 읽으며 선인들의 지혜를 배우고 삶에 응용하며 문제를 해결해 나갈 수 있다면 좋겠다.

차례

1장   내 아이의 독서 습관, 이대로 괜찮을까?

초등 생활에
고전이 필요한 이유

3장 고전이 읽히는 독서력 키우기

4장 거북이처럼 끝까지! 우리 가족 고전 읽기

부록 아빠와 딸의 논어 편지

"자기를 굽힐 줄 아는 사람은 중요한 지위에 오를 수 있고
다른 사람 이기기를 좋아하는 사람은 반드시 적을 만나게 될 것이다."

_《명심보감》8편 6장 성품을 경계하라(戒性)

1장

내 아이의 독서 습관,
이대로 괜찮을까?

학습 만화에 빠진
아이들

초등학교 도서관에서 사서로 막 근무하기 시작했을 때 옹기종
기 앉아 책을 읽는 아이들 모습이 사랑스러워 흐뭇하게 바라보곤 했다.
아이들이 하나둘씩 집으로 돌아간 뒤 제자리에 책을 꽂으면서 당황스러
운 웃음이 흘러나왔다. 아이들이 보다가 간 90% 이상이 만화였기 때문
이다. 한 달 정도 아이들 모습을 주의 깊게 지켜봤지만 사정은 크게 달
라지지 않았다. '뭔가 좋은 방법이 없을까?' 고민하던 나는 여기저기 흩
어져 있던 만화책을 한곳에 모아 만화책 전용 서가를 만들었다. 흰색 모
조지로 서가를 도배하듯 가리고 9월 독서의 달을 맞아 한 달간 만화책을

읽지 말자는 포스터를 제작해 붙였다.

순간 오스카 와일드의 《거인의 정원》이라는 그림책이 떠올랐다. 거인이 오랫동안 집을 비운 사이, 동네 아이들의 즐거운 놀이터가 되었던 거인의 정원. 긴긴 여행에서 돌아온 거인은 자신의 정원에서 아이들이 뛰노는 모습을 보고 화가 나서 아이들을 쫓아냈다. 그리고 아무도 들어오지 못하게 정원 둘레에 높은 담을 치고 '들어오지 말 것'이라 적은 팻말도 꽂아두었다. 항상 새들이 지저귀고 꽃들이 피어났던 거인의 정원은 그렇게 인적 드문 공간이 되었다. 1년이 지나도록 봄이 찾아오지 않고 황량한 겨울만이 이어졌다는 이야기다. 도서관에서 열심히 만화책을 보던 사랑스런 아이들을 쫓아낸 거인 사서 선생님이 되는 것은 아닐까 불안했다. 거인과 나 사이 확연히 다른 게 있다면 나는 도서관을 찾아오는 아이들이 사랑스럽고 대견하다. 그러니 아이들을 쫓아내고 싶은 마음은 추호도 없다. 그저 아이들에게 만화책이 아닌 다른 장르도 충분히 재미있고 유익하다는 사실을 알려주고 싶었다.

이런 내 마음이 통했던 것일까? 만화책 서가를 모조지로 다 붙인 첫날, 쉬는 시간 종이 울리자 여느 때처럼 멀리서부터 아이들이 뛰어오는 소리가 들렸다. 도서관 문을 열고 만화책 서가로 다가선 아이들은 '아!' 외마디 비명을 지르며 "선생님 언제까지 만화책 못 봐요?" 하고 물었다. 한 달간 못 본다는 내 대답에 그냥 돌아설 줄 알았는데 예상 밖의 일이 벌어졌다. 아이들은 평소 관심도 갖지 않던 정기 간행물 코너로 이동했다. 글 사이사이에 만화 형식으로 삽화가 그려 있는 잡지를 대안으로 삼았던 것이다.

아이들 덕에 나는 거인이 되지 않았다. 〈어린이 과학동아〉〈어린이 수학동아〉〈논술위즈키즈〉〈개똥이네 놀이터〉〈고래가 그랬어〉〈어린이동산〉 등 그동안 만화책에 밀려서 우선순위에 들지 않던 간행물이 인기를 독차지하게 되었다. 몇몇 아이들은 관심의 폭이 넓어져 재미있는 다른 책을 추천해달라고도 했다. 흐뭇한 9월을 보내고 달이 끝나갈 무렵, 다시 고민은 시작되었다. 약속한 기간이 지나면 만화책을 어떻게 해야 할지가 가장 큰 숙제였다.

도대체 만화책이 뭐가 문제인 것일까? 우선 만화책은 시선을 사로잡는 자극적인 그림 때문에 집중해서 읽지 않아도 내용을 이해하는 데 무리가 없다. 엄마들이 만화책을 허용하는 이유는 만화 사이사이에 그나마 정보 페이지가 등장하기 때문인데 아이들 대부분이 이 정보 페이지를 건너뛰곤 한다. 바로 직전까지 그림과 글자를 이미지화해 받아들이고 의성어와 의태어 위주로 읽던 아이들이 갑자기 서체 크기가 작고 빽빽한 줄글을 꼼꼼하게 읽기는 힘들다. 결국 만화 위주로만 읽는 습관을 들인 아이들은 호흡이 긴 글을 읽는 게 어려워지고 그로 인해 교과서나 시험지 지문을 이해하는 데도 곤란을 겪게 된다.

사서라서가 아니라 아이를 돌보는 엄마 아빠라면 누구나 한 번쯤 고민할 수 있는 주제다. 가령 외출했던 부모가 생각보다 귀가가 늦어질 때 엄마 아빠는 학교 도서관을 가장 먼저 떠올린다. "엄마(혹은 아빠)가 데리러 갈 테니까 도서관에서 책 읽고 있어." 그런데 도착했을 때 아이의 손에 만화책이 들려 있으면 은근히 초조함이 앞서는 게 부모 마음이다. 학부모들도 이참에 만화책을 치워도 좋지 않겠느냐는 의견을 넌지시 내비쳤다. 아이들에게 인기가 많았던 것을 증명이라도 하듯 책은 매우 낡은 상태였다. 그래서 훼손 도서로 취급해 제적 처리하고 도서관 봉사자 학부모와 책을 다 치워버렸다. 그 뒤로 도서관 책을 구입할 때 만화책을 고르는 일은 없었다.

이후 학교 도서관에서 무슨 일이 일어났을까? 사실 아이들의 거센 반발을 예상했다. 그런데 한 달간 다른 책을 맛본 아이들은 만화책의 부재를 문제 삼지 않았고 오히려 자연스럽게 다른 책 속으로 스며들었다.

만화책이라도 읽으면 다행 아닌가요?

아이가 학원 수업을 마치고 저녁 늦게 집에 돌아왔다고 가정해보자. 배고픈 아이를 위해 보글보글 끓인 엄마표 된장찌개와 갖은 반찬이 식탁에 차려 있다면 아이는 기다렸다는 듯 맛있게 식사를 할 것이다. 하지만 준비가 늦어지는 상황인데 식탁에 햄버거가 놓여 있다면? 허기진 아이는 그걸 먼저 먹게 되고 정작 식사 시간에는 음식을 먹는 둥 마는 등 할 것이다. 만약 엄마가 직접 준비한 저녁 메뉴와 햄버거가 한 상에 있다면 아이는 무엇을 고를까? 먹기 간편하고 입맛 당기는 패스트푸드를 고를 확률이 높다.

만화책과 일반 책을 비유할 때 나는 종종 된장찌개와 패스트푸드를 예로 든다. 매 끼니마다 몸에 좋은 건강식을 고집할 수 없는 것처럼 매 끼니마다 햄버거, 피자, 치킨, 라면을 먹을 수는 없다. 먹고 싶은 음식만 고집해 패스트푸드 위주로 섭취하다 보면 틀림없이 건강에 이상이 올 것이다. 굶는 것보다 패스트푸드라도 먹는 게 나으니 내버려둘 것인가, 아니면 이제라도 식습관을 바로잡을 것인가. 만화책과 일반 책은 그런 차이라고 생각한다.

물론 내용이 유익한 만화책도 많다. 역사, 철학, 국어, 과학, 수학 같은 기초 지식을 보다 쉽게 이해할 수 있는 도구로 만화를 택한 경우가 이에 해당한다. 하지만 문제는 만화라는 장르 특성상 흥미 위주의 구성에 치우쳐 전개가 빨라질 수밖에 없다. 아이들은 내용을 제대로 이해할 겨를 없이 책을 읽어 내려가고 줄거리가 아닌 삽화 중심적으로 사고하게 된다. 단문과 의성어 위주의 어휘로만 전개되다 보니 자연스럽게 독해력도 떨어지고 내용을 단편적으로 훑은 채 책을 덮는다. 책을 아예 읽지 않는 것보다 훨씬 낫다고 생각하는 부모들은 적당히 타협한다. 만화책 읽는 것을 말리지 않고 오히려 새로운 학습 만화를 정기적으로 사다 준다. 문제는 만화책은 중독성이 생각보다 강하다는 데 있다. 한 번 이 패턴에 빠지면 일반 책을 절대 읽으려 하지 않는다.

삼국지를 읽고 중국 역사를 줄줄 외는 아이를 볼 때 부모는 내심 만화 책을 허용한다. 노파심을 관대하게 무시하고 때로는 합리화하며 방치할 지도 모른다. 그래서 만화책은 반대, 학습 만화는 찬성이라는 애매한 입장의 부모도 종종 만나게 된다. 이런 갈림길은 독서의 목표가 다르기 때문일 것이다. 독서의 목표를 지식 습득에 둔다면 학습 만화로 상식을 쌓는 아이들을 막지 않는 '학습 만화 예찬론자'가 된다. 반면 책을 통한 경험의 확장, 사고의 성장을 기대하는 부모에게는 지금부터 생각을 달리하라고 말하고 싶다. 그리고 이렇게 자문해봤으면 좋겠다.

"내 아이가 책을 읽기 바라는 궁극적인 목표는 무엇인가요?"

초등 1, 2학년 독서 입문기에 집중하자

독서 능력을 어떻게 나누는지는 학자들마다 조금씩 견해가 다르지만 대부분은 발달 단계에 따라 초등학교 1, 2학년을 독서 입문기 혹은 읽기 입문기로 본다. 국어교육학 천경록 박사가 우리나라 기본 교육 과정을 고려해 미국 읽기 전문 학자 찰(Chall, 1979)이 고안한 발달 단계별 독자를 20년 만에 수정했다. 이 내용을 살펴보자. 초등 1, 2학년 때는 소리내서 읽는 음독 중심으로 독서 반응이 일어나며 독해 능력이 발달한다.

학자들은 이 시기를 독서 발달에서 매우 중요한 단계로 본다. 이때 아이들은 단어 수준에서 문자 해독을 할 수 있어야 하고 '자동성'을 갖추어야 한다. 여기서 말하는 자동성이란 문자를 눈으로 보면 오래 생각하지 않고도 즉시 읽을 수 있고 의미까지 파악할 수 있는 상태다. 또한 의미를 구분해 읽는 띄어 읽기를 할 수 있어야 하고 유창하게 소리 내 읽는 것이 가능해야 한다.

그런데 이 시기에 일반 책이 아닌 학습 만화에 먼저 맛을 들이면 글밥 있는 책과의 병행 독서 혹은 호환이 어려워지는 경우를 종종 봤다. 학습 만화는 어휘 폭이 일반 책에 비해 적을 수밖에 없다. 아이들에게 재미를 주기 위해 글보다는 그림으로 표현한 것이 만화책이기 때문이다. 어휘력의 빈곤이 독해력 부족으로, 독해력 부족이 학습력 차이로 이어질 수밖에 없는 것이다. 게다가 깊이 생각하지 않아도 그림을 통해 내용을 파악할 수 있기 때문에 생각하는 힘을 키우는 데도 어려움이 있다. 그런데 최근 출간되는 학습 만화는 대부분 시리즈 형태를 띠고 있어서 더 오래, 지속적으로 만화를 읽어야 하는 상황이 발생하기도 한다.

초등학생의 학습 만화 선호 성향이 국어 어휘력에 주는 영향을 분석한 논문 결과를 보면 일반 도서를 선호하는 초등학생 집단의 국어 어휘력 평균 점수가 학습 만화를 선호하는 초등학생 국어 어휘력 점수보다 월등히 높았다. 학습 만화를 선호하지만 국어 어휘력 점수가 높은 학생들도 더러 있었는데, 그런 학생들은 1일 평균 독서 시간 자체가 많았다.

독서 방법에 있어서도 학습 만화의 삽화뿐 아니라 설명 부분까지 정독하는 것으로 나타났다. 학습 만화로 독서를 시작하더라도 관련 주제의 일반 도서를 추가로 읽도록 지도하는 것이 반드시 필요하다는 이야기다. 실제로 국어 어휘력 점수가 높았던 초등학생들은 부모와 교사의 영향으로 글 위주로 된 일반 도서를 읽게 되었다고 말했다. 이처럼 독서 입문기에 바람직한 독서 습관을 형성하기 위해서는 부모와 교사의 적극적인 개입이 필요하다.

한자 학습 시리즈로 텐밀리언셀러클럽(1천만 부 이상 팔린 도서 대열)에 합류한 한자 만화로 예를 들어보려 한다. 기초 한자를 습득하는 단계에서는 어려운 한자를 거부감 없이 익히는 데 만화 형식이 도움이 되는 것은 명백한 사실이다. 하지만 한자 난이도가 올라가면 사정은 달라진다. 만화책 한 권을 다 읽어도 아이들 머릿속에 남는 것은 쿵, 푹, 꽉과 같은 화려한 의성어뿐이다. 부록으로 주는 한자 카드를 적극적으로 활용해 부모와 학습한 일부 아이들은 학습 효과를 거두기도 했지만 대부분 그렇지 못했다고 한다.

초등학교 도서관과 공공 도서관은 만화 대출 빈도가 점점 높아지고 있다. 그런데도 적절한 독서 지도안이 마련되지 않은 채 '독서 교육'의 필요성과 관심만 높아지고 있다는 느낌이 든다. 실제로 2013년에 아이들의 학습 만화 독서 실태의 심각성 때문에 '학습 만화 어떻게 할 것인가?'라는 주제로 정책 토론회가 열렸다. 서울의 한 자치구 공공 도서관

상위 대출 100위 목록을 조사해보니 아이들이 읽고 있는 도서 자료가 심각하게 편중되어 있음이 밝혀진 것이다. 아동 도서 대출 순위 중 학습 만화 비율이 낮게는 32%, 높게는 96%를 차지했을 정도다. 만화 자료에 대한 특별한 지침이 없었던 도서관의 경우 대출 순위 상위 100위 목록 가운데 학습 만화가 아닌 것은 네 권뿐이었고 그마저도《제로니모의 환상모험》시리즈였다. 반면 학습 만화를 거의 구비하지 않은 도서관은 만화책 대출도 거의 없었다. 이후 아이들의 균형 잡힌 독서 활동을 위해 공공 도서관에도 학습 만화에 대한 올바른 수서 정책과 아동기 독서 발달을 위한 운영 지침이 필요하다는 내용이 발표되었다.

내게는 학습 만화 대출 비율이 도서관마다 큰 차이를 보이는 것이 오히려 해답이었다. 만화책 구매에 약간의 제한을 두거나 만화책은 대출 불가, 열람실 내에서만 보도록 허용하는 소소한 대응이 독서 입문기 아이들에게 꼭 필요하다는 확신이 들었기 때문이다. 학습 만화에 관한 특별한 지침을 시행하려면, 그래서 아이들에게 올바른 독서 습관을 심어주려면 도서관 같은 기관은 물론이고 부모에게도 기준이 필요하다. 특별한 조치 없이 아이들이 지속적으로 학습 만화에 노출된다면 미래의 아이들은 읽고 쓰고 이해하는 능력을 상실하게 될지도 모른다.

아이들의 편독 현상을 가정에서 바로잡으려면 어떤 대응책이 적절할까? 도서관 사례로도 알 수 있듯이 학습 만화로부터 아이들을 억지로 떼어놓을 필요는 없다. 단지 아이들이 다른 좋은 책도 함께 접할 수 있도록 기회를 늘려주자는 의미다. 그러기 위해서는 아이가 주로 어떤 책을 대출하는지 그 목록에 관심을 가질 필요가 있다. 참고로 독서교육종합지원시스템 사이트를 활용하면 아이가 학교 도서관에서 대출한 목록을 쉽게 다운받을 수 있다. 아이가 빌린 책 권수가 상당하다 해도 그것이 거의 만화책이라면 비슷한 주제의 일반 책을 섞어 함께 읽도록 유도하는 방편을 모색해보자.

내가 개인적으로 권하는 방법은 일주일에 하루를 '만화책 데이'로 정해 그날만큼은 도서관에서 마음껏 만화를 볼 수 있도록 허용하는 것이다. 단, 책을 대출해서 집으로 가져오는 일은 삼간다. 정해진 날, 정해진 공간에서 충분히 읽을 수 있는 선택권을 주고 그 공간을 벗어나면 다시 리셋하는 장치를 마련하는 셈이다.

우리 집 두 딸은 감사하게도 내 쪽에서 책을 읽히기 위해 사투를 벌였던 기억이 크게 없다. 자연스럽게 딸들은 책을 그다지 싫어하지 않는 아이들로 자라났다. 돌이켜보면 무의식중에 내가 만든 장치는 '부모가 책 읽는 모습을 자주 보여주는 것'이었다. 당시 일요일 저녁이면 KBS에서 〈도전! 골든벨〉이라는 퀴즈 프로그램을 방영했는데 학교 도서관에서는 이를 패러디해 '도전! 독서 골든벨'을 해마다 열었다. 문제를 출제하기 위해 이금이 작가의 《너도 하늘말나리야》라는 책을 읽고 있었다. 독서하다가 갑자기 눈물을 흘리는 엄마를 보더니 책 내용이 궁금했는지 어느새 아이들도 그 책을 따라 읽었다.

그때부터 시작이었다. 재미있어 보이는 책을 발견하거나 내가 읽고 유익했던 책이 있으면 "이거 한 번 읽어보라"며 권했고 아이가 읽고 있는 책이 궁금하면 나도 슬그머니 그 책을 따라 읽었다. 물론 아이들이 자라면서 위기의 순간은 있었다. 서바이벌 과학상식, 나라별 상식 같은 주제를 만화로 엮은 당시 한창 유행이던 '살아남기' 시리즈 만화책을 어린이날 선물로 사줬을 때였다. 세트 도서를 싸게 구입할 수 있다는 지인의 말에 혹해서 수십 권이 되는 책을 한꺼번에 구입했다.

책꽂이에 꽂아두고 흐뭇해했던 것은 잠깐이었다. 그때부터 한동안 딸들은 살아남기 시리즈 만화에 푹 빠져 다른 책은 쳐다보지도 않았다. 사준 만화책을 다 읽기만 기다렸는데, 이상할 정도로 아이들은 이 책을 처음 본 듯이 읽고 또 읽었다. 아까운 마음에 버리지는 못하겠어서 책등이 뒤로 가도록 서가 맨 윗줄에 꽂아뒀던 기억이 난다. 책을 서가 위아래 중 어느 쪽에 놓을지, 표지나 제목이 보이게 진열할지 말지의 차이 등 미처 신경 쓰지 않던 부분도 독서 입문기 아이에게는 꽤 중요한 장치라는 사실을 그때 깨달았다. 손만 뻗으면 닿을 수 있는 곳에 만화책을 놓아두고 읽지 못하게 하는 엄마의 행동이 얼마나 모순처럼 느껴졌을까? 결국 시리즈 학습 만화 도서는 눈물을 머금고 버렸다. 하지만 그 값으로 아이의 독서 환경을 만들 때 부모의 개입이 얼마나 중요한지 배웠으니 그것으로 충분하다.

책 읽어주기의 중요성

부모가 아이에게 책을 읽어주는 활동이 아이의 어문 이해력을 높인다는 견해는 교육 이론에서 자주 등장하는 내용이다. 아이의 뇌는 수용 언어를 담당하는 베르니케 영역이 표현 언어를 담당하는 브로카 영역보다 빨리 발달하기 때문이란다. 따라서 책 읽어주기를 지속적으로 실시하면 수용 언어 발달이 최고에 이르러 이해력이 상승하게 된다. 미국소아과학회는 생후 6개월 이상의 아기에게 지속적으로 책을 읽어주면 상상력은 물론 지능이 좋아진다는 연구 결과도 발표했다. 책 읽어주는 소리는 아이의 두뇌를 자극해 새로운 세포 형성을 촉진한다. 교육적 효과 때문인지는 몰라도 해외에서도 책 읽어주기는 양육 과정에 빼놓을 수 없을 만큼 인기가 높다. 미국소아과학회는 의사들에게 '병원을 방문하는 부모들에게 책 읽어주기 효과를 설명하고 전달하라'는 지침까지 내렸을 정도다.

학기 초 학년별 명에 사서를 모집한 뒤 첫 번째 전체 총회를 앞둔 어느 날, 나 역시 책 읽어주기의 중요성을 학부모에게 알리고 학교 도서관을 중심으로 이를 실천하기로 마음먹었다. 먼저 점심시간 도서관을 찾는 아이들에게 책을 읽어줄 '리딩맘'을 모집하기로 했다. 리딩맘은 내 자녀에게 책을 읽어주듯 자연스럽게 낭독해주는 게 주된 역할이다. 이 과정을 통해 아이들은 세상에 재미있는 책이 이렇게 많다는 사실을 간접적으로 깨닫는다. 학부모가 직접 책을 읽어주면 아이들은 듣던 도중 그 자리에서 모르는 단어를 질문할 수도 있고 그밖에 궁금한 많은 것들을 자연스레 물어보고 익히며 독서 시간을 풍성하게 즐긴다. 아이들의 듣기 능력이 향상하는 것은 당연지사다.

《하루 15분 책읽어주기의 힘》이라는 책을 쓴 짐 트렐리즈는 "책을 읽어줄 때는 다양한 표현을 사용하고 음색을 바꿔가며 읽어주는 게 좋다"고 말했다. 사람마다 생긴 모습이 다르듯이 음색이나 어조도 다를 수밖에 없는데 리딩맘도 모두 각기 다른 목소리와 그에 따른 분위기를 가지고 있다. 그러니 매주 다른 학부모가 돌아가며 책을 읽어준다면 그것만으로도 다양한 효과를 기대할 수 있을 것이다.

명예 사서 총회가 시작되고 학부모에게 이런 내 생각을 전하며 자원을 받았다. 내 아이에게 책을 읽어주듯 도서관을 찾는 아이들에게 부담 없이 책을 읽어주면 된다는 소소한 계획을 밝혔고 동참할 의사를 밝힌 11명의 학부모와 리딩맘 활동을 시작했다. 홍보 전단지를 만들어 열심히 나눠주며 매일 오후 1시 도서관에서 열릴 '책 읽어주는 시간'을 알렸다. 오후 1시가 다가오면 들판에서 양을 모는 양치기 소년처럼 "애들아 도서관에서 책 읽어준대. 같이 가볼래?" 하며 아이들을 안내했다.

일주일쯤 지나면서 '이게 아닌데…' 하는 생각이 들었다. 리딩맘이 책을 읽어주는 동안 많은 친구들이 귀를 기울였고 나름 이 시간을 고대하는 아이들도 늘었지만 그 인원이 한정적이었다. 또 원래 도서관을 찾지 않던 아이들은 여전히 발걸음을 하지 않았다. 이런 행사가 있다고 해서 아이들 마음이 동할리 없었던 것이다.

나는 리딩맘들과 모여 다시 회의를 했다. 새로운 방법은 1, 2학년 학급을 직접 찾아가 반 아이들 전체를 대상으로 책을 읽어주는 것이었다. 각 학급 선생님과 교장 선생님도 긍정적인 반응을 보여 가능했던 실천이다. 일주일에 한 번, 매주 목요일 1교시 시작 전 8시 40분부터 20분간 '리딩맘 동화 여행' 시간을 신설했다. 이 작은 움직임으로 책을 멀리하던 아이들은 '책이 읽고 싶다'는 생각을 하게 되었고 책의 즐거움과 독서의 유익을 깨달았다.

저학년 학급 위주로 시작한 책 읽어주기 시간은 1년 반 만에 전교 모든 학년, 학급을 대상으로 확대되었다. 아침 리딩 시간으로 책의 즐거움, 독서의 유익을 알게 된 친구들이 많았기 때문이다. 그동안 책이라고는 학습 만화 외에는 읽어본 적 없던 아이들, 1년에 한 번도 도서관을 찾지 않는 아이들에게 이야기의 세계는 호기심을 자극할 만했다. 리딩맘이 읽어준 그림책을 빌리러 도서관을 찾는 아이들이 생겨났고 그렇게 도서관 나들이와 대출 문화를 몇 번 경험한 뒤로는 아이들 스스로 책을 고르는 습관이 생겼다. 이로써 아이들은 수동 독서에서 벗어나 능동 독서 습관을 조금씩 갖추게 되었다.

전 학년을 대상으로 동화를 읽어준다고 하면 간혹 "5, 6학년 아이들이 그림책 읽어주는 것을 마냥 듣고 있어요?"라고 묻는 사람들이 있다. 요즘은 그래도 인식이 많이 바뀌었지만 아직도 많은 사람들이 그림책을 유치원생이나 초등 저학년이 읽는 책이라 생각하기 때문이다. 그래서 초등학교 고학년 아이들이 그림책 내용을 시시하게 여기거나 지루해할까 봐 우려를 표한다. 물론 초등 고학년은 사고력이 급격히 발달하는 시기이므로 책을 고를 때도 특별히 고려해야 할 부분이 있다. 판타지 같은 내용보다 등장인물의 행동이나 대화에 대해 논리적으로 의견을 나눠볼 수 있는 책 혹은 문제 해결을 고민할 수 있는 이야기를 택하는 것이다. 이런 부분까지 충분히 고려해 책을 선정한다면 장르는 딱히 문제가 되지 않는다. 그보다는 학급 수만큼 리딩맘(학부모)의 참여를 이끌어내는 게 당시 더 큰 고민이었다. 딱 4명의 인원이 모자라서 6학년은 제외해야 하나 생각하고 있을 때 다행히 교장 선생님, 교감 선생님, 수석 선생님, 교무부장 선생님까지 흔쾌히 동참해주셔서 이 프로그램을 오랫동안 유지할 수 있었다.

지금 생각하면 운이 좋았다. 아침 리딩 시간 20분에 대한 학부모, 교사의 마음이 일치했던 것은 물론이고 전교생 모두가 이 시간을 고대해줬기 때문에 실천이 가능했으니 말이다. 독서 자체에 대한 아이들의 흥미를 높이기도 했지만 교사, 부모, 학생 간의 유대감이 강해지는 결과도 뒤따랐다. 권위적으로 비칠 수 있는 교장, 교감 선생님이 직접 반에 찾아와 책을 읽어주는 시간의 의미도 남달랐을 것이다. 그래서 처음에는 인원이 모자라 참여했던 교장, 교감 선생님도 고정 리딩맘으로 활동하도록 계획을 짰다.

학교 안에서만이 아니라 각 가정에서도 변화가 생겼다. 고등학생 두 딸과 늦둥이 초등 아들을 둔 리딩맘이 있었는데, 아침 리딩에 학부모로 참여하다 보니 자연스럽게 집 식탁 위에 이런저런 그림책을 올려두는 일이 많아졌다고 한다. 아이들은 이 책에 관심이 많았다. 학원 수업을 마치고 밤늦게 돌아온 수험생 딸들마저 이 그림책을 재미있게 읽는 모습이 신기해 그다음부터 의도적으로 식탁 위에 책을 바꿔가며 올려둔다고 했다.

어른들은 자녀의 학년에 따라 책 두께가 달라져야 한다고 믿는다. 초등 5학년인 자녀가 얇은 단행본이나 그림책을 읽고 있으면 창피한 일이라 생각하는 반면 초등 2학년 아이가 제법 두꺼워 보이는 단행본을 대출하면 부러운 듯 바라본다. 하지만 이는 잘못된 생각이다. 한 예로 학습 만화를 주로 읽는 5학년 아이가 갑자기 글이 빽빽한 단행본에 흥미를 갖기란 쉽지 않다. 그림의 도움으로 글을 읽는 게 너무 익숙해서 문자를 해석하는 능력인 '문해력'이 좀처럼 늘지 않았기 때문이다. 간단한 그림책을 읽다가 바로 만화책으로 넘어가는 독서 패턴, 즉 얇은 글책, 중간 두께의 글책, 두꺼운 글책 단계를 거치지 못한 아이들은 문해력이 부족해 교과서를 혼자 읽고 이해하는 데 어려움을 겪는다. 요즘처럼 자기 주도 학습을 강조하는 시대에 교과서를 읽고도 이해하지 못한다면 아무리 공부해도 좋은 성적을 기대할 수 없다.

리딩맘의 예로 알 수 있듯이 학습 만화에 길든 아이의 관심을 일반 책으로 끌어올 방법이 아주 없는 것은 아니다. 만화책을 접하는 시기를 최대한 늦추고 이미 접했다면 그 시간을 줄여 다른 책으로 넘어갈 수 있는 기회를 제공해야 한다. 이야기가 가진 재미를 깨달은 아이는 스스로 글책을 넘나들며 독서의 즐거움을 만끽한다. 이 시간을 기다려주면 아이는 글을 읽으며 겪어보지 못한 세계를 체험하는 이른바 '풍부한 상상력'을 체험하는데, 그 정도 소양이 쌓이면 가끔 만화책을 읽는다 해도 크게 문제가 되지는 않는다.

독서 패턴을 바로잡아주고 싶다면 우선 아이와 일정 시간을 정하고 그 시간만큼은 단행본이나 그림책을 읽는 습관을 들이자. 아이의 집중력이 부족하거나 혼자 읽는 과정을 힘들어한다면 엄마 아빠가 같이 읽어주자. 부모 목이 아플 수는 있지만 이 시간이 매일 쌓이면 틀림없이 아이는 변할 것이다. 어느 날부터 아이는 뒷이야기가 궁금해 책을 놓지 않고 마저 보게 된다. 그 단계에 이르면 안심해도 좋다. 다시 정리하면, 책 읽기는 타고난 능력이 아닌 습관이다.

밥상머리 독서 교육,
이렇게 시작해요

아동기 독서 교육의 중요성을 강조한 연구 가운데 흥미로운 것이 있어 소개한다. 주엘(Juel, 1988) 박사는 초등학교 1학년 때 책을 잘 읽는 아동이 4학년이 되어서도 잘 읽는 어린이가 될 가능성이 88%라는 사실을 발견했다. 반면 1학년 때 책 읽기가 부족했던 아동이 4학년이 되면 그대로 책 읽기가 부족한 아이로 남을 가능성이 87%다. 즉 입학 초기에 독서에 어려움을 겪은 아이들은 시간이 지날수록 동급생을 따라잡기 어렵다는 것이다. 독서 심리학자 스타노비치(Stanovich, 1986) 박사의 연구에 따르면 읽기에 익숙하지 않은 초등 고학년이나 중학생은 1년에 대략 10만 단어 정도를 읽고 평범한 아이는 100만 단어를 읽지만, 잘 읽는 아이는 약 1,000~5,000만 단어까지 읽을 수 있다고 한다. 일반적으로 한 권의 책 안에 약 5만 단어가 들어 있다고 가정하면 읽기에 익숙하지 않은 아이는 1년에 책 두 권, 평범한 아이는 스무 권, 잘 읽는 아이는 200~1,000권을 읽는다고 볼 수 있다. 읽기에 익숙하지 않은 아이와 잘 읽는 아이의 지적 능력은 시간이 갈수록 이렇게 큰 차이를 보인다.

많은 부모들이 아이에게 책을 읽히려고 부단히 노력하지만 정작 본인은 읽지 않는 경우를 많이 본다. 그러나 자발적인 독서를 목표로 한다면 가정 내 독서 환경은 무엇보다 중요하다. 가정 내 독서 환경이라 하면 공간적인 환경 조성(거실에 TV가 없고 스마트폰 사용 시간이 제한적이며 손이 닿는 곳에 좋은 책들이 놓여 있음)뿐 아니라 가족 모두 책 읽을 분위기가 형성된 경우를 뜻한다. 내가 특히 더 강조하는 환경 요인은 바로 후자, 부모가 같이 책을 읽는 분위기다. 초등학교 5학년 학생을 대상으로 독서 성취 활동을 조사한 결과 열심히 독서하는 학생들은 대부분 부모도 독서 빈도가 높았다.

이와 같은 연구 결과를 바탕으로 나는 자녀의 독서 교육을 고민하는 부모들에게 한결같이 조언한다. "아이가 초등학교 졸업할 때까지는 아이 읽는 책 같이 읽으세요." 여기서부터 밥상머리 독서 교육이 시작되는 셈이다. 이 '밥상머리 독서 교육'이라는 말은 읽은 책을 바탕으로 식탁에서 식구들과 함께 자연스럽게 책 이야기를 주고받고 자신의 생각을 얘기하는 것, 다른 가족 구성원의 도서 감상을 듣는 분위기를 지칭하는 표현이다.

전체 노벨상 수상자 중 30%를 배출한 유대인들은 가족이 함께하는 식사 시간을 매우 중요하게 생각한다. 항상 감사 기도로 식사를 시작하고 밥상에서는 어떤 잘못을 해도 절대 아이를 혼내지 않는다. 그만큼 밥상머리에서 가족과 나누는 대화를 소중히 여긴다. 일주일에 한 번이라도 이 시간에 식구들이 같은 책을 읽고 그 책에 대해 대화를 해보면 어떨까? 아마 이보다 더 좋은 독서 교육은 없을 것이라 확신한다. 밥상머리에서 가족들과 하루 일과를 나누고 책을 매개체로 서로의 감정을 공유하며 소통하는 시간이 유대감을 줄 것이다.

아이가 몇 권의 책을 읽었는지보다 중요한 것은 '어떤 책을 읽고 있는지'다. 이게 곧 아이를 향한 관심의 표현이자 독서 상호 작용으로 연결된다. 또한 아이가 책의 내용을 얼마나 이해하고 있는지, 어떤 의문점이나 생각을 가지고 있는지 등을 주의 깊게 관찰해야 한다. 부모의 적절한 질문을 통해 아이는 책의 핵심 내용을 파악하는 능력을 키워간다.

어른들이 책을 깊이 이해하기 위해 독서 토론 및 모임을 갖는 것처럼 아이들도 마찬가지다. 같은 책을 읽은 친구와 책에 대해 이런저런 대화를 나누는 것만큼 유익한 시간은 없다. 이 시간을 거창하게 생각하면 자신감이 떨어질 수 있지만 굳이 그럴 필요는 없다. 영아기에 간지럼만 태워도 아이에게 발달의 기회가 되는 것처럼 독서를 기반으로 한 대화 시간도 편히 생각하자. 군이 사설 기관에 맡기면서 눈에 보이는 결과를 기대하기보다 엄마 아빠와 같은 책을 읽고 그 책에 대해 밥 먹으며 혹은 간식을 먹으며 자연스럽게 대화를 이어간다면 그게 최고의 논술 교육이라 생각한다.

"우리 애는 책을 읽기는 읽는데 제대로 안 읽는 것 같아요"라고 걱정하는 부모들도 있다. 심지어는 아이가 제대로 읽었는지 안 읽었는지를 테스트하기 위해 시험을 보듯 질문하는 경우도 간혹 봤다. 이런 경우 아이는 공부하듯 책을 보게 된다. 이는 흥미로워야 할 책 읽기가 학습으로 전락하는 결과를 낳을 뿐이다. 질문은 정답이 정해진 단답형 질문보다 "너는 어떻게 생각하니?" "어떻게 하면 좋을까?"와 같은 열린 질문을 택하자. 자녀가 하는 말이 조금 논리적이지 못해도 끝까지 경청하고 칭찬하면 아이는 존중받는 느낌이 들어 이 시간을 기대할 것이다. 아이가 전혀 대답을 하지 못한다면 아이를 추궁하지 말고 엄마 아빠의 생각과 느낌을 먼저 이야기하자. 부모의 생각과 느낌을 먼저 들으면 아이도 자연스럽게 생각을 정리할 수 있기 때문에 편안한 대화로 이어진다.

책을 잘 읽는 아이들은 크게 두 부류로 나뉜다. 책을 정말 좋아해서 자연스럽게 책 읽기에 관심을 보이는 경우와 부모님이나 선생님 등 외부적인 요인에 의해 습관이 형성된 경우이다. 둘 다 바람직하긴 하지만 후자의 경우는 조금 걱정이다. 외부적인 개입이 계속 이어질 수도, 지속적으로 영향을 미칠 수도 없기 때문이다. 결국 수동적인 독서가는 언젠가 슬럼프를 겪게 된다. 이런 일은 현장에서도 자주 목격할 수 있다. 책 읽기에 지대한 관심을 보이는 친구들이 '반짝 독서가'로 끝나지 않으려면 부모의 역할이 가장 중요하다는 사실을 기억하길 바란다.

스마트하지 않아도 좋은 독서 환경

학교 현장은 매년 학기 초 다양한 분야의 학부모 봉사자를 모집하느라 분주하다. 아이들의 안전한 등하교를 책임지는 녹색 어머니, 도서관의 학부모 명예 사서, 급식 모니터 요원… 그중 열심히 노력하지 않아도 금방 인원이 차는 분야가 바로 학부모 명예 사서이며, 저학년 학부모일수록 더 많은 관심을 보인다.

부모들이 책이나 도서관에 관심이 있어서라기보다 내 아이가 책을 잘 읽기를 바라서 혹은 좋은 독서 습관을 가지기를 원해서 지원하는 경우가 대부분이다. 문제는 긍정적인 사심으로 출발한 이 봉사가 그리 오래 지속되지 못한다는 데 있다. 많은 학부모들은 자녀가 3학년 이상이 되면 리딩맘 봉사뿐 아니라 책 읽기 관련 지원에도 무신경해진다. 아이가 1, 2학년일 때 자주 도서관을 찾고 자신의 책과 아이의 책을 나란히 빌려가던 부모들도 크게 다르지 않다. 확실히 초등 고학년이 될수록 국, 영, 수 교과에 더 힘을 실어야 한다고 판단하는 것 같다.

하지만 이런 현상이 개인적으로 매우 안타깝다. 초등 4~6학년 기간 동안 아이 독서 습관만 제대로 잡아줘도 학업 성취는 자연스런 결과로 따라오기 때문이다. 나는 이 사실을 학교 현장에서 수년간 목격했다. 읽기 능력이 숙달된 아이들은 뇌에서 문자를 해독하는 데 들이는 에너지 소모가 현저히 적다고 한다. 그만큼 문자 인식을 위한 뇌의 특정 영역이 발달하기 때문인데, 남은 에너지를 생각하고 추론하는 창의적인 사고에 사용할 수 있으니 당연히 기대 이상의 학업 성취를 이룰 수 있다. 두 딸을 기르는 엄마로서도 그 의견에 공감한다. 초등학교 시절에 쌓은 독서량은 결국 중고교 시절 학업의 밑바탕이 된다. 조금 편하자고 2~3년 동안 아이의 독서에 관심을 거뒀다가는 아이가 중고등학생이 되었을 때 오히려 발을 동동 구르는 수가 있다.

독서 입문기 아이들 중 대부분은 엄마 아빠에게 칭찬 받는 게 좋아서 책을 읽기 시작한다. 이 동기 부여가 개인의 성취로 이어지면 독서가 습관으로 자리 잡는데, 부모 역할은 이 시기를 잘 기다려주는 것이다. 이 즈음 되면 책 좀 그만 읽으라는 행복한 잔소리를 하게 될지도 모른다. 한 가지 덧붙이자면 아이에게만 책을 권할 것이 아니라 가족 모두가 동참해야 한다. 도서관이나 서점 같은 공간을 적어도 일주일에 한 번 이상 함께 찾아가고 서로가 무슨 책을 읽는지 관심을 기울이는 등 가족만의 독서 문화를 만들어가는 게 필요하다.

우리 집 독서 문화는 케이블 TV를 시청하지 않는 것으로 시작했다.

요즘은 케이블 TV(고감도 안테나로 수신하는 텔레비전 시스템) 외에도 유튜브, 넷플릭스 같은 스트리밍 서비스(하드디스크 용량에 관계없이 영상 콘텐츠를 실시간 재생할 수 있는 인터넷 시스템)처럼 손 쉽게 이용할 수 있는 문화 콘텐츠가 다양하다. 그럼에도 우리 집은 구형 TV를 20년 넘게 사용했고 심지어 케이블 신청은 지난해 이사를 하고 처음 해봤다. 두 살 터울 두 딸이 모두 재수를 해서 4년 연속 수험생 엄마로 지냈으니 꽤 오랜 기간 공중파 3사 방송으로 뉴스나 다큐멘터리 정도만 시청하며 산 셈이다. 사람들 사이에서 화제가 되는 이야기는 주로 비 공중파 방송 콘텐츠다. 대화에 끼지 못해 답답하긴 해도 필요한 프로그램만 찾아 TV를 시청하는 우리 집 문화를 버리고 싶지 않았기에 유지한 환경이었다.

재작년까지는 딸아이 수능이 끝나기를 기다리며 9시 뉴스만 겨우 스마트폰으로 시청했다. 정규 방송만을 고집하다가 왜 케이블을 신청하게 되었느냐, 2년 전부터 3사 방송사 채널 수신마저 제대로 되지 않았기 때문이다. 관리 사무소에 연락하니 TV를 교체하거나 케이블 선을 달아야 한다고 했다. 사정이 이랬을 뿐인데 사람들은 내가 드라마나 예능에는 영 관심이 없는 줄 안다. 대화할 때마다 드라마 제목에 깜깜해서 얼마나 핀잔을 들었는지. 그러나 대한민국 주부 중 드라마에 관심이 없는 사람이 과연 몇이나 될까? 한번 시작하면 끝장을 내야 하는 내 성향을 알기에 시작을 안 할 뿐이다.

물론 처음 결단한 계기는 아이들의 독서나 학습에 방해가 될 만한 요인들을 일상에서 줄여주고 싶은 마음이었다. 'TV는 무조건 안 좋아' '멀리해야 해!'와 같은 신념보다 다른 재미있는 게 많다는 사실을 알려주고 싶었다. 한 가지 신기한 점은 이제 케이블 TV로 예능이나 드라마를 마음껏 볼 수 있는데도 우리 가족 누구 하나 TV를 잘 켜지 않는다는 사실이다. 대학생이 된 두 딸도 일부 보고 싶은 프로그램을 시간대에 맞춰 시청한 뒤 끄는 게 습관이 된 듯하다. 이런 모습을 볼 때마다 습관의 중요함을 새삼 깨닫는다.

혹시 학교나 학원 수업을 마친 아이가 집에 들어올 때 집 거실 TV가 항상 켜 있지는 않은가? 영화관 못지않은 음향 시설을 갖추고 부모는 안락한 소파에 앉아 자주 문화 콘텐츠를 감상하고 있는가? 아이에게는 씻고 간식 먹고 책 읽으라고 말하면서 정작 부모는 늦게까지 TV 앞에만 앉아 있는 게 현실이라면 아이는 책을 좋아하기 힘들다.

지금부터 아이의 리딩메이트가 될 준비를 해보자. 아이가 들어올 때 식탁이나 소파에서 읽던 책을 덮으며 책갈피를 끼우는 모습을 보여주면 아이는 금세 호기심을 갖고 "엄마 무슨 책 읽어요?"라고 질문할지도 모른다. 읽는 부모의 모습은 아이의 질문도 달라지게 한다. 장난감, 게임기, 태블릿과 같은 장치의 개입 없이 책에 대해 대화를 나누는 일상이 오래 쌓이면 아이가 중학생 정도가 되었을 때 심도 있는 독서 토론이 가능해진다.

아이폰과 아이패드를 개발한 애플의 창업자 스티브 잡스가 살아생전 자녀들의 휴대폰 사용에 엄격했던 것은 이미 알려진 사실이다. 스티브 잡스 본인도 집에서는 스마트폰을 거의 사용하지 않았다. 저녁이면 식탁에 둘러앉아 가족들과 식사하며 책과 역사에 대해 토론했다는 IT 업계의 거장. 우리는 그를 어떻게 이해해야 할까? 세계에서 가장 영향력 있는 10인으로 꼽히는 빌 게이츠도 마찬가지다. 첫째 딸이 컴퓨터 게임에 빠져 있는 모습에 위기의식을 느껴 아이가 만14세가 될 때까지 스마트폰을 주지 않았다. 그는 또 식사 시간, 취침 시에는 자녀들이 전자기기를 만질 수 없도록 제한했다. 세 자녀가 대학생이 되기 전까지 컴퓨터를 이용할 수 있는 시간은 하루 45분이었다. 이들은 책과 대화를 통해 생각하는 힘이 나온다고 주장했다.

첨단을 자랑하는 인공지능 시대에 이렇게 예스러운 교육 방식을 고수하는 사람들은 어디에나 있다. 첨단 기술 연구 단지로 손 꼽히는 미국 실리콘밸리 소재 페닌슐라 발도르프학교Waldorf School of The Peninsula만 해도 삶에 필요한 기본 교양 위주의 수업을 진행한다. 학교 내에 IT 기기가 없는 것은 물론이고 학부모(대부분 IT 기업 임직원)에게도 집에서 가능한 컴퓨터 사용을 자제하도록 독려한다. 학교는 아이들 스스로가 자신에게 주목할 수 있도록 교육하는 게 목표라고 한다. 발도르프 교육 이념에 기초를 두고 있는 이 학교는 아이들이 자신의 인격과 마주하고 대인관계에 주목할 수 있으려면 디지털의 개입을 차단해야 한다고 믿고 있다.

리딩메이트가 되기 위한 다른 방법으로 주변에 본받을 만한 학부모를 찾을 것을 권한다. 초등학교 도서관 사서로 일할 때 터울이 큰 세 자녀를 돌보느라 비교적 오랜 기간 학교 도서관에서 뵐 수 있었던 어머님이 있다. 리딩맘 봉사자로, 명예 사서로 열심히 활동해주셨는데 리딩맘 봉사자들과 작가 연구 사례집을 만들기로 했을 때의 일이다. 그 어머님이 집에 인터넷이 잘 안 된다는 얘기를 해서 놀란 적이 있다. 아이들이 중학교에 입학한 뒤로는 인터넷만 설치했지 공유기가 없어서 거실에서만 컴퓨터를 할 수 있다고 했다. 게다가 지금까지 TV를 산 적이 없고 컴퓨터 모니터로 가끔 지상파 방송만 시청한다고 했다. 지금 생각해보면 이 어머님은 진작부터 디지털 기기의 부작용을 짐작했던 것인지도 모르겠다.

다양한 노력으로 아이들의 아날로그 환경을 지켜줬던 결과였을까? 큰아들은 과외나 학원 도움 없이 수능 만점자로 의대에 진학했고 둘째 역시 자신이 평소 관심 있던 기계공학과에 장학생으로 진학해 열심히 미래를 준비하고 있다. 인터넷도 TV도 없는 환경에서 자란 아이가 기계공학이라고? 그렇다. 둘째 아들은 중학교 3학년 때 컴퓨터 프로그래밍 동아리 회장을 맡으며 형이 쓰던 핸드폰을 물려받아 처음으로 스마트폰을 사용하게 되었다. 당시 집안 환경에 불편함을 느끼거나 불만이 있지는 않았냐는 내 물음에 인터넷으로 딱히 할 게 없어서 괜찮았다고 말하던 듬직한 아이. 지금도 둘째 아들은 TV를 많이 보지는 않는다고 한다. 그리고 가끔은 계속 책만 읽어도 재밌던 그 시절을 그리워한다고. 디지털 영향을 덜 받으며 자란 아이는 확실히 자신에게 주목할 줄 안다. 하고 싶은 것을 찾아가고 그것을 즐길 줄 알며 자신뿐 아닌 사회 구조적인 부분에도 관심을 기울인다. 그래서 동아리, 봉사 활동 등에 시간을 투자하는 것을 아까워하지 않는다.

위인들의 독서 습관

결과만을 위해 아이 독서 습관을 들이자는 얘기는 아니지만 아이들이 자라나 더 자유롭게 사고하는 데 독서가 밑거름이 되는 것은 분명해 보인다. 아이와 함께 책을 읽는 시간, 독서를 즐기는 아이의 잠재력을 미리 기대해볼 수 있는 좋은 예를 소개한다.

■ 같은 책을 만 번 넘게 읽은 김득신

백곡 김득신은 조선 중기를 대표하는 인물인데 독서광으로도 유명하다. 하지만 그는 10세가 되어서야 겨우 글을 깨쳤다고 알려졌다. 글 읽는 소리를 항상 듣던 하인도 그 내용을 외우고 있는데 정작 본인은 돌아서면 내용을 잊을 정도로 슬기롭지 못했던 것이다. 하지만 김득신의 아버지는 이런 아들을 나무라는 법이 없었고 "너는 나중에 큰 문장으로 이름을 얻을 것이다" "공부는 과거 급제가 목적이 아니라 꾸준히 하는 것일 뿐"이라 말하며 격려했다고 한다.

그는 20세가 되어서야 겨우 글을 짓기 시작했고 59세 늦은 나이로 문과에 급제했으나 자신의 아둔함을 탓하지 않고 반복해서 책을 읽었다.

특히 그는 같은 책을 반복해서 읽는 과정을 즐겼는데 그렇게 읽은 옛글 36편의 독서 횟수를 작품별로 꼼꼼히 기록한 《고문삼십육수독수기》古文三十六首讀數記를 보면 그가 만 번 이상 반복해서 읽은 책들이 무엇인지 알 수 있다. 더 인상적인 부분은 자신의 독서 내력을 소상하게 기록해놓은 글의 말미다. "《장자》와 《사기》《한서》《대학》《중용》을 많이 읽지 않은 것은 아니나 읽은 횟수가 만 번이 되지 않았기에 이 독수기에는 싣지 않았다"라는 내용이다. 이에 감탄한 정약용 선생은 "문자가 만들어진 이래 종횡으로 수천 년 3만 리를 다 뒤져도 대단함에 들어가는 김득신이 으뜸"이라고 말했다고 한다.

우리가 흔히 말하는 '다독'은 다양한 종류의 책을 많이 읽는다는 뜻이지만 한 권의 책을 여러 번 읽는 것도 다독이라 볼 수 있다. 그의 묘비명에는 "재주가 다른 이에 미치지 못한다고 스스로 한계 짓지 말라. 나처럼 어리석고 둔한 사람도 없었을 것이지만, 나는 결국 이루었다. 모든 것은 힘쓰고 노력하는 데 달려 있다"라고 적혔다.

■ 다산 정약용의 세 가지 독서법

다산 정약용은 조선 시대 실학 사상을 연구한 실학자이자 개혁가다. 그는 관직에 있을 때나 유배 중일 때나 쉬지 않고 독서와 집필에 전념했다. 다산 정약용의 세 가지 독서법은 정독精讀, 질서疾書, 초서抄書이다. 정독은 글을 깊이 있게 집중해서 내용을 면밀히 파악하며 읽는 것이다. 질서는 독서하다 중요한 부분이나 질문이 있을 때 그것을 메모하며 읽는 것, 초서는 필사로 이해하면 된다.

특히 초서, 책 내용을 그대로 베껴 쓰는 이 방법은 정약용이 아들에게 권한 최고의 독서법 중 하나다. 정약용 스스로도 초서를 통해 엄청난 양의 책을 읽고 썼다. 오랜 세월 귀양살이를 한 그이지만 어려운 상황 속에서도 스스로 바른 삶을 살아가고자 했다. 그 모습을 편지에 적어 두 아들에게 보냈고 독서를 권면하고 훈계하고자 애썼다.

조상이 큰 죄를 지어 자손이 벼슬을 할 수 없게 된 가문을 '폐족'이라고 하는데, 폐족 자손으로 잘 처신하기 위해서는 독서밖에 방법이 없다고 말하기도 했다. 비록 벼슬에 나갈 수는 없지만 얼마든지 문장가나 성인이 될 수 있다며, 독서는 사람이 할 수 있는 가장 중요하고 가치 있는 일임을 강조한 것이다.

▉ 손이 닿는 곳에 책을 두었던 세종

세종은 왕이 되기 전부터 항상 손이 닿는 곳에 책을 두어 독서를 습관화했다고 알려졌다. 또한 한 책을 백독백습(책을 백 번 읽고 백 번 옮겨 적는 것)하는 습관이 있었는데 이를 통해 자연스럽게 삶의 이치를 깨닫는 독서를 몸소 실천했다.

🚩 학교 공부는 꼴찌였지만 독서로 영국 총리가 된 윈스턴 처칠

처칠은 학창 시절 세 번이나 자퇴를 했다. 학교 다니는 내내 전교 꼴찌였고 학교에 잘 적응하지 못했으며 말도 더듬었다. 하지만 상상력이 풍부한 교육 방법으로 재미있게 수업하던 영어 선생님 덕에 영어를 좋아하게 되었다. 영어가 좋아진 처칠은 독서에도 취미를 붙일 수 있었는데 아버지에게 받은 한 권의 책 《보물섬》을 계기로 하루 5시간 독서, 2시간 운동 습관을 평생 지속했다.

그는 특히 역사와 전기를 많이 읽었다. 이게 원동력이었는지 처칠은 최고 정치가가 되었다. 처칠이 특별히 좋아했던 책은 《로마제국 쇠망사》시리즈였다. 정치인인 그의 아버지가 연설문을 적을 때 참고했을 정도로 아버지 또한 이 책을 애독했다. 그의 말을 빌리자면 젊은이에게 독서는 너무 많이 먹지(읽지) 말고 잘 씹어 먹어야(깊이 있게 읽어야) 한다는 점에서 노인이 음식을 먹는 과정과 흡사하다. 책을 이것저것 무의미하게 많이 읽는 것을 경계하고 의미를 되새기며 깊이 있게 읽을 것을 권면한 것이다.

그가 남긴 수상록《폭풍의 한가운데서》에서도 독서의 중요성을 거듭 강조했는데 이 내용을 명언으로 꼽고 싶다. "책과 친구가 되지 못하더라도 서로 알고 지내는 것이 좋다. 책이 당신 삶의 내부로 침투해 들어오지 못한다 하더라도 서로 알고 지낸다는 표시의 눈인사마저 거부하며 살지는 마라."

■ 사전을 옆에 두고 독서한 프랭클린 루스벨트

프랭클린 루스벨트는 미국이 최대 불황이던 시기에 대통령으로 취임해 '뉴딜 정책'을 마련했다. 이로써 경제 공황을 극복할 수 있었고 이후 미국 역사상 유일무이하게 4선을 연임했다. 프랭클린이 자란 집에는 책이 상당히 많았는데 그는 늘 할아버지와 아버지 서재에 들어가 책에 파묻혀 소년 시절을 보냈다. 외할아버지 서재에서 오래된 항해 일지와 보고서 등을 읽고 해양과 항해 관련 도서를 탐독한 프랭클린은 이때 얻은 해양 지식으로 2차 세계 대전을 승리로 이끌었다. 프랭클린은 책을 읽을 때 항상 사전을 옆에 두었다고 알려졌다. 독서하다가 어렵거나 잘 모르는 단어가 나오면 그 자리에서 바로 찾아보면서 책을 읽었던 것이다.

루스벨트가에서는 대통령을 둘 씩이나 배출했는데 12촌 친척인 시어도어 루스벨트가 26대 대통령을, 프랭클린 루스벨트가 32대 대통령을 지냈다. 프랭클린은 친척인 시어도어를 롤 모델로 삼았다고 한다. 대통령이 된 뒤에도 매일 한두 권씩 꾸준히 책을 읽었는데 시어도어를 따라 그가 읽은 책들을 모조리 따라 읽었다. "배 없이 해전에서 승리할 수 없는 것 이상으로 책 없이 사상전에서 이길 수는 없다"는 유명한 명언을 남긴 프랭클린 루스벨트의 지혜와 리더십, 그 비결은 독서에 있었다 해도 과언이 아니다.

▌ 독서 후 항상 토론했던 케네디

미국 35대 대통령을 지낸 케네디는 어머니가 정리해준 도서 리스트를 신문과 함께 읽으며 자랐다. 어머니와 함께 책을 읽고 토론하기도 했다. 도서 리스트 중 《아라비안나이트》《보물섬》《피터팬》과 같은 고전이 특히 많았는데 어머니 로즈 여사의 회고록을 보면 더 자세한 목록이 소개되어 있다.

로즈 여사는 그날그날 신문 기사 중 함께 이야기해보면 좋을 만한 기사를 고른 뒤 식사 시간에 아들에게 질문을 던지곤 했다. 식사를 하면서 자연스럽게 '밥상머리 토론'을 이어간 것이다. 케네디의 아버지 또한 바쁜 시간을 쪼개 저녁이면 아이들과 나란히 누워서 동화책을 읽어주거나 아이들과 둘러앉아 돌아가며 셰익스피어 작품을 읽었다. 케네디는 명연

설가로도 유명한데 발표력이란 한순간에 길러지는 것이 아님을 기억해야 한다. 어렸을 때부터 경험한 토론을 기반한 독서가 그의 어휘력과 발표력에 영향을 미쳤으리라 본다.

📕 신문을 즐겨 읽었던 워런 버핏

세계 최고의 부자이자 투자의 귀재로 불리는 워런 버핏은 할아버지의 영향으로 실용적인 독서를 주로 했다. 할아버지 책장에 꽂힌 록펠러와 카네기 전기를 몇 번이고 반복해서 읽었다고도 전해진다. 그는 또한 특정 분야에 관심이 생기면 관련 자료와 책을 전부 수집해서 집중적으로 내용을 파고들었다. 여러 해 동안 주식이나 투자 관련 책을 수집해 읽은 그는 특히 투자의 기본을 알려주는 《현명한 투자자》를 극찬했다.

워런 버핏은 매일 500쪽씩 읽으면 지식이 작동하며 그것이 복리 이자처럼 축적된다며 독서를 권했다. 그는 자식들에게 돈을 남길 것이 아니라 세상을 살아가는 데 필요한 능력과 태도를 가르쳐야 한다고 주장한다. 또한 자녀들이 세상을 살아가는 데 필요한 능력은 독서를 통해 키울 수 있다고 자주 얘기한다.

다독 vs. 정독?
독서에 왕도란 없다

최근 대학수학능력시험의 언어 영역 난이도가 높아지면서 1등급 커트라인이 눈에 띄게 낮아졌다. 수능 문제가 상대적으로 어렵게 출제되었음을 의미하는 '불수능' '불국어'라는 말이 언론에도 자주 등장한다. 하지만 전문가들은 말한다. 언어 영역, 수리 영역, 외국어 영역이 모두 고난이도 문제일 경우 당락을 결정하는 과목은 언어 영역, 즉 국어가 될 거라고. 그동안 수포자(수학 포기자), 영포자(영어 포기자)라는 말은 있어도 국포자(국어 포기자)라는 말은 없었는데, 이제는 그 말이 실제가 될 날이 머지않았다는 생각이 든다.

나 역시 두 딸의 입시를 치르면서 국어가 얼마나 중요한지를 절실히 깨달았던 수험생 엄마였다. 많은 학부모들이 초등학교 때는 영어에 비중을 두고 중학교에 입학하고부터는 수학에 긴장한다. 그때부터는 수학 학원을 주 3회, 영어 학원을 주 2회씩 보내며 수리·외국어 영역을 본격적으로 대비한다. 국어는 아무래도 모국어이기 때문에 당장 심리적 부담을 느끼지 못하는 것이다. 그러나 고등학교에 입학하면 사정이 달라진다. 문법이나 어휘가 광범위하게 확대돼 아이들은 짧은 지문을 읽는 것도 어려워한다.

사실 우리 학부모 세대에게 국어는 학원에 가서 배워야 할 정도의 과목은 아니었다. 하지만 이렇게 학교 수업만으로 지문을 읽고 핵심을 파악하는 게 불가능하다는 아이들의 하소연이 늘면서 국어 사교육이 생겨났고 심지어 성업 중이다. 이는 교사가 느끼는 고충이기도 하다. 선생님들은 기본적으로 학생들의 문해력 수준이 기대에 미치지 못한다고 토로한다. 확실히 디지털 시대에서 자라난 아이들은 글을 읽을 수는 있어도 그 의미를 제대로 이해하고 소통하는 능력이 뒤떨어지는 듯하다. 이는 공교육이 평가 중심(내신, 수능)으로 바뀌어 단편적인 지식 전달에만 초점을 맞추고 문학의 이해와 지식 활용을 뒷전으로 한 결과다. 국어를 제대로 이해하고 익히기에 턱없이 부족한 수업 편성, 양으로 승부하는 독서 경쟁 등이 이를 부추겼다.

국어 교사나 독서 논술 전문가들은 국어의 기초 개념 70%가 초등 독서를 통해 이뤄진다고 말한다. 이때 글을 이해하고 글이 전하려는 의미를 파악하는 읽기 능력을 키워야 중고교 시절 비평적인 읽기, 글쓰기가 가능해진다는 것이다. 그럼에도 여전히 사교육 시장에서는 다독이 상식을 늘리고 논술, 면접을 대비할 유일한 열쇠인 것처럼 과대 포장하곤 한다. 한창 독서 교육에 붐이 일던 10년 전 즈음 학교마다 독서장제(초등학교에서 기준을 세운 독서량을 달성하면 포상을 하는 제도)를 시행해 읽은 권수에 따라 금장, 은장, 동장으로 상을 주던 때가 있었는데 그때와 달라지지 않은 현실이 가끔 안타까울 때가 있다.

학교 현장에서 이 독서장제의 폐단을 누구보다 절감했던 나는 '다독을 장려하는 게 과연 옳을까?' 하는 생각을 여전히 가지고 있다. 아이들은 포상을 위해 권수를 채우는 것을 우선시했고 꼭 읽었으면 하는 책 대신 얇고 쉬운 책을 선호했다. 그래서 일부 중고등학교에서는 책을 읽은 페이지를 기준으로 풀코스, 하프코스 등 선발 기준을 마련한 적도 있다. 이 독서 장려 활동은 '독서 마라톤'이란 이름으로 시행됐다. 하지만 읽은 페이지로 평가하는 것도 권수와 마찬가지로 양적인 독서를 권장하는 것이기에 불필요한 경쟁을 낳을 수 있다.

나는 지금이야말로 우리나라가 실질 문맹에 대한 해결을 준비해야 할 때라고 생각한다. EBS〈미래교육 플러스〉교양 다큐멘터리 '배움의 기초 문해력' 편을 보면 우리나라 문맹률은 1%에 해당하지만 OECD 조사에 따르면 실질 문맹률이 75%에 달한다고 한다. '문맹'이 단순히 글자를 읽고 쓰지 못하는 것이라면 '실질 문맹'은 한글은 깨쳤지만 복잡한 내용의 정보를 이해하지 못하는 수준을 의미한다. 의약품 복용 설명서나 각종 서비스 약관 등 일상적인 문서를 이해하지 못하는 단계라면 매우 심각한 문제가 아닐 수 없다.

앞서 말한 학습 만화만을 고집하는 학생들도 이 위험에서 자유로울 수는 없을 것이다. 기본적으로 만화 형태의 책은 글자를 대충 속독으로 읽어 나가면서 내용을 그림으로 이해하기 때문에 책 한 권을 다 읽어도 내용 파악에 있어서는 실질 문맹의 특성을 고스란히 드러낸다. 그래서 나는 독서에 왕도가 없다고 생각하고 다독과 속독보다 효과적이고 현실적인 방법은 정독이라 믿고 있다. 한 권의 책이라도 제대로 깊이 이해하며 읽는 것, 우리는 이것을 정독이라 말한다.

제대로 읽기 위해 시간과 노력을 들이는 정독, 과연 이것만이 정답이냐 묻는다면 그럴 수도 있고 아닐 수도 있다. 많은 아이들이 유아기 때는 자신이 좋아하는 책만 반복해서 읽기 때문이다. 이것은 과연 다독일까 정독일까? 우리 집 큰딸 역시 어렸을 때 《게으름뱅이 무당벌레》라는 책을 읽고 또 읽었다. 어찌나 열심히 읽었는지 나중에는 어린아이 입에서 책 한 권 내용이 줄줄 읊어 나왔다. 사람들은 이제 겨우 세 살인 아이가 한글을 뗀 줄 알고 놀라곤 했다. 아이는 엄마가 어느 지점에서 책을 넘겼는지까지 기억하고 있어서 책장을 넘기는 순간도 내용과 일치했다. 그래서인지 나 역시 이 책 대목 중 '포로롱 날아갔단다' 하는 내용이 소리와 장면으로 생생히 떠오른다. 이 과정은 읽는 횟수로 보면 다독이고 외울 정도로 깊이 이해했다는 측면으로 보면 분명 정독이다. 결국 한 권의 책을 반복해서 읽는 다독은 넓은 의미로 정독의 범주로 이해해야 한다는 게 내 생각이다.

효과적인 책 읽기, 천천히 질문하며 슬로 리딩

독서를 학습의 일환으로 보고 편법과 코칭이 주도하는 현대에서 책 읽기가 무언가를 위한 도구가 아닌 그 자체로서 의미가 있었으면 좋겠다. 특히 요즘처럼 SNS와 디지털 문화에 익숙해 긴 글을 읽기 힘들어하는 아이들에게 더 '많이'보다 더 '깊이'를 강조하는 책 읽기를 권하고 싶다. 그러기 위해 글을 어떻게 읽어야 할지, 특별한 방법이 있는지 등을 진지하게 생각해보자.

한 권의 책을 천천히 시간을 들여 깊이 있게 정독하는 즐거움, 그것을 깨닫기에 가장 효과적인 방법으로 나는 슬로 리딩Slow Reading을 꼽고 싶다. 꼼꼼하게 천천히 책을 읽는 이 독서법은 부모와 함께 책을 읽다가도 어려운 단어가 나오면 국어사전을 펼쳐본다. 그 내용을 따로 메모하기도 하고 이야기 속에 등장하는 놀이를 직접 따라 해보기도 한다. 먹거리가 등장하면 같이 만들어보면서 책을 입체적으로 이해하는 것이다. 이

때 책을 잘 선택하면 독서 동기를 높일 뿐 아니라 완독의 경험으로 성취감도 배가 된다.

슬로 리딩은 일본 고베시 사립 나다중고등학교의 국어 교사 하시모토 다케시가 고안한 교육 방법이다. 책 읽는 것도 싫어하고 공부 자체에도 흥미를 느끼지 못하는 아이들이 배움에 대해 자발적으로 관심을 가졌으면 하는 바람으로 놀이를 통한 책 읽기를 시도한 게 시초다. 그는 중학교 3년 동안 소설가 나카 간스케의 《은수저》만으로 수업을 진행했다.

하시모토 다케시의 수업은 통독 → 곁길로 새기 → 간접 체험하기 → 철저하게 조사하기 → 스스로 생각하기(각 장 요약 및 제목 달기, 자기만의 은수저 만들기) 순으로 진행됐다. 책에 '막과자'라는 먹거리가 등장하면 그 음식을 아이들과 먹어봤고, 그 과자가 등장한 배경을 조사했다. 책에 나오는 놀이를 직접 체험하고 어려운 단어를 자세히 알아보는 활동도 빼먹지 않았다. 그로 인해 학생들은 스스로 책 읽는 즐거움을 느끼게 되었고 자료를 찾고 정리하면서 생각하는 힘을 기를 수 있었다. 제자이자 전 도쿄대학교 총장 하마다 준이치는 "당시 선생님의 수업이 좋았다는 사실을 졸업하고 사회인이 되어서야 깨달았다"고 전한 바 있다. 또한 한 단어와 문장의 배경을 깊이 파고들면 그 단어가 가진 사회, 역사, 문화적인 배경을 함께 공부할 수 있어서 깊은 이해력을 갖게 된다고 회고했다.

우리나라에서도 최근 국어 교육 과정에서 이와 유사한 통합 독서 활동을 시작했다. 초등학교 3학년~고등학교까지 매 학기 교과 수업 시간

내에 책 한 권을 완독하는 방식이다. 초등학교 3학년 이상 학생들은 국어 교과서에서 한 학기 한 권 읽기를 반영한 독서 단원을 특화 과정으로 배운다. 한 학기 한 권 읽기와 슬로 리딩은 의미상 약간 차이가 있으나 긴 호흡으로 한 권의 책을 완독한다는 점과 꼼꼼하게 천천히 깊이 읽는다는 점, 타인과 생각을 나누고 표현한다는 점에서 거의 맥락을 같이 한다. 때문에 이 책에서는 '슬로 리딩'이라는 용어로 통일해 사용하려 한다.

슬로 리딩이 잘 진행되기 위해서는 가장 먼저 적절한 책을 선택해야 한다. 아이들마다 관심과 수준이 다르니 알맞은 책도 다를 수밖에 없다. 그만큼 모두가 만족할 한 권의 책을 신중하게 택해야 하는 것이다. 그런 면에서 가정에서 슬로 리딩 도서를 선정하는 것은 조금 더 수월하다. 도서를 정할 때 아이가 참여하고 선택권을 가질 수 있다면 가장 이상적이다.

아이가 책 선택을 어떻게 해야 할지 막막해할 때는 부모님이 미리 선별해둔 도서 목록을 참고하고 그중 가장 끌리는 책을 고르도록 유도하자. 읽고 싶은 책을 직접 정하고 앞으로 어떻게 읽을지 그 방법을 스스로 선택하면 책 읽기의 시작 과정부터 즐거움을 느낄 수 있기 때문이다. 아래 학년별 권장 도서 목록은 가정에서 초등 아이들과 함께 슬로 리딩을 실천하기에 좋을 만한 책들이다. 우리 도서관 단골 이용자이자 인기 강사인 김연옥 선생님이 추천했다. 그는 40여 년 동안 초등 교육 현장에서 수석 교사로 활동했으며 독서 수업에도 일가견이 있어 퇴직 후 독서습관연구소를 열었다. 교육 과정상 한 학기 한 권 읽기는 초등학교 3학년부터 시작이지만 1, 2학년 아이들도 슬로 리딩을 경험할 수 있도록 목록을 짜주셨다.

한 학기 한 권 읽기 학년별 권장 도서

	순위	서명	저자	출판사	비고
1학년	1	강아지똥	권정생	길벗어린이	
	2	거미 아난시	제럴드 맥더멋	열린어린이	
	3	장수탕 선녀님	백희나	책읽는곰	
	4	지각대장 존	존 버닝햄	비룡소	
	5	나무가 자라는 빌딩	윤강미	창비	
	6	감기 걸린 물고기	박정섭	사계절	
	7	아름다운 실수	코리나 루켄	나는별	볼로냐 라가치상
	8	시골 쥐의 서울 구경	방정환	길벗어린이	
	9	다다다 다른 별 학교	윤진현	천개의바람	
	10	이건 내 모자가 아니야	존 클라센	시공주니어	케이트 그린어웨이상

* 브라티슬라바 일러스트레이션 비엔날레(Biennial of Illustration Bratislava, BIB): 국제적으로 권위 있는 그림책 및 원화 시상식으로 슬로바키아 브라티슬라바에서 열린다.

2학년	1	수학에 빠진 아이	미겔 탕코	나는별	
	2	세상 끝까지 펼쳐지는 치마	명수정	글로연	*BIB 황금사과상
	3	터널	앤서니 브라운	논장	
	4	나는요	김희경	여유당	
	5	안녕, 나의 등대	소피 블랙올	비룡소	칼데콧 대상
	6	위를 봐요!	정진호	은나팔	볼로냐 라가치상
	7	다니엘이 시를 만난 날	미카 아처	비룡소	
	8	빨강 책	바바라 리만	북극곰	칼데콧 아너상
	9	최고의 차	다비드 칼리	봄개울	
	10	봄이의 여행	이억배	이야기꽃	세종도서
3학년	1	리디아의 정원(그림책)	데이비드 스몰 사라 스튜어트	시공주니어	칼데콧 아너상
	2	하룻밤	이금이	사계절	
	3	꽈배기 월드(시집)	정연철	문학동네	
	4	행복한 청소부(그림책)	모니카 페트	풀빛	
	5	허풍선이 타령	서정오	별숲	
	6	비밀의 문(그림책)	에런 베커	웅진주니어	교과서 수록
	7	책 먹는 여우	프란치스카 비어만	주니어김영사	
	8	한밤중 달빛 식당	이분희	비룡소	
	9	삼백이의 칠일장 1	천효정	문학동네	
	10	화요일의 두꺼비	러셀 에릭슨	사계절	

학년	번호	제목	저자	출판사	비고
4학년	1	구름공항(그림책)	데이비드 위즈너	시공주니어	교과서 수록
	2	진짜 도둑	윌리엄 스타이크	비룡소	
	3	초정리 편지	배유안	창비	창비 어린이 문학상
	4	나무를 심은 사람	장 지오노	두레	고전 명작
	5	오리 돌멩이 오리(시집)	이안	문학동네	
	6	나는 화성 탐사 로봇 오퍼튜니티입니다	이현	만만한책방	
	7	멀쩡한 이유정 (단편 동화 모음)	유은실	푸른숲주니어	
	8	조선에서 가장 재미난 이야기꾼	김기정	비룡소	
	9	내 이름은 삐삐 롱스타킹	아스트리드 린드그렌	시공주니어	고전 명작
	10	플랜더스의 개	위다	시공주니어	고전 명작
5학년	1	서찰을 전하는 아이	한윤섭	푸른숲주니어	
	2	몽실 언니	권정생	창비	
	3	소리 질러, 운동장	진형민	창비	
	4	마당을 나온 암탉	황선미	사계절	교과서 수록
	5	꽃들에게 희망을	트리나 폴러스	시공주니어	
	6	시간가게	이나영	문학동네	문학동네 어린이 문학상
	7	톰 소여의 모험	마크 트웨인	시공주니어	고전 명작
	8	복수의 여신 (단편 동화 모음)	송미경	창비	
	9	쉬는 시간에 똥 싸기 싫어 (시집)	김개미	토토북	
	10	돌 씹어 먹는 아이 (어린이 희곡)	송미경	문학동네	

	1	마지막 거인	프랑수아 플라스	디자인하우스	환경 관련
	2	주병국 주방장 (단편 동화모음)	정연철	문학동네	진로 관련
	3	책과 노니는 집	이영서	문학동네	문학동네 어린이 문학상
	4	어린 왕자	생텍쥐페리	문학동네	고전 명작
6학년	5	봉주르, 뚜르	한윤섭	문학동네	문학동네 어린이 문학상
	6	반짝반짝 별찌(시집)	윤미경	국민서관	북한말 동시
	7	빨강 연필	신수현	비룡소	
	8	불량한 자전거 여행	김남중	창비	
	9	빨간 머리 앤	몽고메리	비룡소	고전 명작
	10	해리엇(어린이 희곡)	한윤섭	문학동네	

EBS 〈다큐프라임〉에서 용인 성서초등학교 슬로 리딩을 소개한 이후 국내 교육계에서도 이처럼 천천히 깊게 책을 읽는 과정을 꾸준히 연구, 적용하고 있다. 한 학기 한 권 읽기, 슬로 리딩, 천천히 깊게 읽기, 온 작품 읽기, 온 책 읽기 등 각기 이름은 다르지만 비슷한 의미를 담은 읽기 방법이 학생들의 독서 능력과 태도를 잡아주고 있다. 나는 이 시도가 결국 자기 주도적인 독서 및 학습 습관을 기르는 데 유용한 대안이 될 것이라 기대한다.

지난 2018년 '책의 해'를 기념해 국내 최초로 비독자, 즉 책을 읽지 않는 사람에 대해 연구하고 그 결과를 예측하는 포럼이 열렸다. 전국 17개 시도, 10세 이상 가구원 1,200명을 조사한 결과 책을 읽지 않는 사람들의 가장 큰 이유는 시간이 없어서가 아니었다. 그들은 책에 대해 부정적인 인식을 가지고 있었다. 책을 읽어도 아무 보상이 없으며 책보다는 정보를 검색할 수 있는 스마트폰이 더 유용하다고 생각한다는 응답에 놀랐던 기억이 난다. 뒤이어 '읽는 사람, 읽지 않는 사람'이라는 주제로 열린 포럼에서는 독서에 부담을 느껴 멀어진 사람들을 어떻게 다시 읽는 사람으로 돌이킬 수 있을지를 논의했다. 물론 뾰족한 대안이 마련되지 않은 채 포럼은 마무리되었다. 한편으로는 비독자의 답변이 계속 머릿속에 남아 안타까운 마음이 가시지 않았다.

'정보 얻기'라는 부분에 초점을 맞추면 책보다 스마트폰이 유용하게 느껴질 수 있다. 하지만 책 읽기를 통해 얻을 수 있는 여러 가지 유익은 추상적인 개념이라 누군가 말로 설명한데도 와닿지 않을 가능성이 크다. 나는 그래서 책 읽기의 즐거움 자체를 느끼도록 돕는 게 결국 독서 애호가를 낳는 지름길이라는 생각을 종종 한다. 그 즐거움을 깨달으면 말리거나 부추기지 않아도 스스로 책을 읽게 될 테니 말이다.

책 읽기, 처음부터 결과를 기대하지 말자

　우연히 인터넷을 검색하다가 한 가족이 함께한 슬로 리딩 이야기를 흥미롭게 읽었던 기억이 있다. 이들은 가족 간의 소통을 다룬 책《마법의 설탕 두 조각》을 6회에 걸쳐서 다 같이 읽으며 슬로 리딩을 실천했다. 두꺼운 책도 아닌 데다 6회로 나눠 읽어서인지 가족들은 분량에 대한 부담을 전혀 느끼지 못했다. 이야기를 나누는 시간도 길지 않아서 바쁜 가족 구성원이 시간을 할애하기에도 적당했다.

　이 책의 주인공은 렝켄이다. 자기 말을 무시하고 들어주지 않는 엄마 아빠에게 화가 난 렝켄은 요정을 찾아가 마법의 설탕 두 조각을 얻는다. 그것을 엄마 아빠 찻잔 속에 몰래 타서 먹이자 놀라운 일이 벌어졌다. 엄마 아빠가 렝켄의 말을 들어주지 않을 때마다 정말로 키가 줄어들게 된 것이다. 부모님이 성냥갑에 들어갈 정도로 작아지자 두려움을 느낀 렝켄은 다시 요정을 찾고 새로운 제안으로 이 일을 잘 해결한다.

요정이 마침내 소리쳤습니다. "알았다! 내가 각설탕 두 개를 주마. 물론 마법을 부리는 각설탕이야. 그것을 네 엄마, 아빠가 눈치채지 못하게 몰래 커피나 차 속에 넣으럼. 아무 고통도 없단다. 그 설탕을 먹은 다음부터는 부모님이 네 말을 들어주지 않

<u>을 때마다 원래의 키에서 절반으로 줄어들게 될 거야.</u>

책에 나온 이 문장을 읽고 가족들은 나름 미션을 만들었다. 기회는 총 3번, 1회차마다 각설탕 2개를 사용할 수 있는데 보름 동안 엄마 아빠가 눈치채지 못하게 음식에 각설탕을 넣으면 성공이다. 미션에 성공하면 엄마 아빠는 아이들 소원을 들어주기로 했단다. 아이들은 자연스러운 기회를 얻기 위해 저녁 준비를 하는 엄마를 돕겠다며 자주 주방에 들어왔다. 그만큼 이 책 내용이 오래오래 아이들 기억에 남을 터였다.

물론 슬로 리딩만이 책 읽기의 정답이라 단언할 수는 없다. 하지만 나의 철학에 힘을 실어주는 문구가 또 있다. 《논어》의 옹야 편에 등장하는 유명한 문구, '아는 자는 좋아하는 자만 못하고, 좋아하는 자는 즐거워하는 자만 못하다'이다. 이제 학습을 위한 책 읽기가 아닌 즐거움과 유익이 함께하는 독서가 일상에 스며들어야 할 때다.

학교 사서일 때 함께 진행했던 '아침 독서 20분'의 네 가지 원칙도 그에 준하는 것들이었다. '모두 읽어요/ 날마다 읽어요/ 좋아하는 책을 읽어요/ 그냥 읽기만 해요'는 독후 활동이나 결과를 강조하지 않아서 아이들이 더 빨리 친숙함을 느꼈던 것 같다. 좋아하는 책을 그저 읽기만 하는 시간, 아무것도 바라지 않는 진정한 아침 독서 운동은 각 가정에서도 쉽게 실천할 수 있다. 다시 한번 강조하지만 독서에 왕도란 없다. 정독이냐 다독이냐를 운운하기에 앞서 매일매일 책 읽는 시간이 쌓이면 그

것 자체가 아이의 문해력, 독서력이 된다는 사실을 잊지 말자.

독서를 즐기는 게 습관이 되면 책 장르에 대한 거부감도 확 낮출 수 있다. 학교 도서관 사서로 재직하던 당시 독서 장려를 위해 여러 가지 방안을 시도했는데, 그중 하나가 '책 달력'의 활용이었다. 이는 도서관 문턱이 닳도록 드나드는 습관을 기르는 게 목적이었다. 3학년 이상부터는 이미 책 읽기 습관이 형성돼 고전 읽기(2장에서 본격적으로 소개할 내용)를 시작한 상황이었고 1, 2학년 아이들은 기본 토양을 다져야 할 단계라고 생각해서 굳이 고전 교육을 고집하지는 않았다. 실제로 대출한 책을 즐겁게 읽으며 독서 자체에 자신감이 생겨야 이후 소개할 인문 고전 독서 교육이 제대로 효과를 거둘 수 있다.

매년 초 책 형태로 제작한 책 달력을 전교생에게 나눠주는 것부터가 습관을 들이는 시작이었다. 책 달력에는 학교 도서관에서 대출한 책 중 한 권에 대해 책 제목과 저자, 한 줄 느낌을 반드시 적도록 했다. 대출한 책이 아닌 도서는 인정해주지 않았고 하루 여러 권을 빌려도 하루 한 권 기록에 한해서만 도장을 1개씩 찍어줬다. 학급 문고에서 읽은 책, 집에서 읽은 책을 기록하지 못하게 한 이유는 책 달력 활동의 목적을 독서 장려 혹은 글쓰기 능력 향상에 두지 않았기 때문이다. 그저 아이들이 도서관에서 책을 빌리고 반납하는 과정을 즐기기를 바랐다. 다른 데 목적이 있었다면 아이들의 참여가 지속적으로 이어지기 쉽지 않았을 것이다. 대신 '도장'이라는 보상으로 기쁨을 주기 위해 주말에만 금, 토, 일 하나씩 책 달력 칸에 기록할 수 있고 월요일에 확인해 도장 3개를 찍어줬다.

초등학교 아이들은 목표가 너무 멀리 있으면 쉽게 포기한다. 그래서 8회 간격으로 보상도 넉넉히 했다. 연체 기록으로 더는 책을 빌릴 수 없는 경우에 사용하는 연체 해지 쿠폰(8회차), 대출 불가 항목인 도감이나 만화책, 정기 간행물 등을 대출할 수 있는 쿠폰(16회차), 1천 원 상당의 각종 문구 및 완구 등을 받을 수 있는 특별한 선물 쿠폰(24회차)을 발행했다. 아이들은 이 쿠폰을 훈장처럼 소중히 여겼다. 특히 연체 해지 쿠폰은 다른 친구에게 양도가 가능해서 나중에는 친구들끼리 선물처럼 주고받는 문화도 생겨났다. 특별한 선물 쿠폰은 별도로 예산이 책정되어 있어서 최신 트렌드를 반영해 아이들이 좋아할 만한 선물을 미리 구비해뒀다. 그리고 도장을 찍어줄 때 "어머, ○○이 이제 2개만 더 찍으면 '특별한 선물' 받겠네. 축하해"라고 칭찬하며 책 대출을 독려했다. 특별한 선물을 고르는 친구를 따라 왔다가 자신이 갖고 싶은 물건이 생겨 책 달력을 쓰기 시작한 아이도 있을 만큼 인기 있는 보상이었다.

하루가 멀다 하고 새로운 독서법이 대세인 듯 등장한다. 이렇게만 하면 아무것도 필요 없다는 말에 많은 학부모가 마음이 흔들려 독서 관련 학습지를 정기 구독하고 유명한 연사의 강연을 좇는다. 하지만 그러기 전에 내 아이에게 가장 적합한 방법을 탐색할 시간을 가져보는 것은 어떨까? 내 아이가 어떤 방식으로 책을 읽는지, 어떤 취향의 책을 자주 고르고 즐거워하는지를 먼저 살피는 것이다.

지금까지 아이들의 책 읽기를 유도하기 위해 애써온 나는 그 시작의 길에서 항상 패트리샤 폴라코 작가의 자전적 그림책《고맙습니다, 선생님》을 떠올린다. 책을 사랑하는 가정에서 자라난 막내 트리샤가 일곱 살 되던 날, 할아버지는 식구들이 다 보는 앞에서 꿀단지를 들어 올리더니 꿀 한 국자를 퍼서 조그만 책 표지 위에다 골고루 끼얹는다. "일어나라, 얘야. 네 엄마 때도, 네 삼촌 때도, 네 오빠 때도 이렇게 했지. 이건 널 위한 거다! 찍어 먹어 보렴" 하며 다정한 목소리로 손녀인 트리샤에게 책을 건넨다. 손가락으로 꿀을 찍어 맛보며 달콤해하는 트리샤에게 식구들이 한목소리로 해준 말이 있다. "맞다, 지식의 맛은 달콤하단다. 하지만 지식은 그 꿀을 만드는 벌과 같은 거야. 너도 이 책장을 넘기면서 지식을 쫓아가야 할 거야!"

책 읽기를 처음 시작하는 아이들에게 다가설 때 나는 꿀을 한 국자 퍼서 난독중인 손녀딸에게 달콤한 맛을 보여주던 할아버지의 심정이 된다. 주도적인 책 읽기를 유도하면서 아이들이 그 어떤 의무감에도 젖지 않길 바라며 조심조심, 그러면서 약간의 의도를 섞어 조금씩 책의 난이도를 높이는 것이다. 독서 입문기 아이들을 대하는 부모에게도 이 점을 명심해달라고 당부하고 싶다. 책 읽기의 시작에는 재미가 있어야 한다.

책 읽기는
수단이 될 수 없다

대한민국 교육열은 세계 1위라고 해도 과언이 아니다. 이제는 학벌주의에서 벗어나 능력주의로 넘어가는 시대라고 말하는 사람들도 있지만 여전히 드높은 교육열이 학벌주의가 건재하고 있음을 보여준다. 이 교육열 덕에 대한민국이 비약적인 성장을 이룰 수 있었던 것도 사실이지만 모두가 '명문대'를 바라보고 똑같은 입시에 매몰되는 문화는 개선해야 마땅하다.

2019년 높은 시청률을 자랑하며 막을 내린 드라마 〈SKY 캐슬〉은 대한민국의 비정상적인 교육열을 다루고 있다. 자녀를 명문대에 보내겠다는 일념 하나로 시간과 돈, 인맥뿐 아니라 부모 자신까지 동원할 준비가 되어 있는 부모들이 등장했던 이 드라마는 한국 사회의 사교육 열풍에 경종을 울리려는 의도로 기획됐다. 그런데 드라마 마지막 방송 후 대치동 입시 컨설팅 학원으로 입시 코디 문의가 쇄도했다고 하니 웃픈 현실이 아닐 수 없다.

입시 코디, 입시 코디네이터의 줄임말이다. 이 듣도 보도 못한 직종은 학생의 성적 향상을 위해 유명 강사진을 동원하고 학생 생활 기록부 항목 하나하나를 관리해준다. 공부방 인테리어, 만나는 친구들, 학생의 심리 상태를 통제해 명문대 입학만을 바라보게 한다. 이는 입시 과열이 불러온 잘못된 교육의 흐름을 생생하게 보여주는 것이다.

시장에서 유통되는 많은 독서법 책들도 나는 이 교육열의 증거라고 생각한다. 입시를 대비하기 위한 비책으로 독서와 독서법을 꼽고 있기 때문이다. 나 역시 미리부터 잘 잡아둔 아이의 독서력이 학습에 있어서 무기가 된다는 사실을 부정할 생각은 없다. 하지만 이는 독서로 얻어지는 자연스러운 결과일 뿐 이 자체가 목적이 된다면 그 사람은 책 읽기의 즐거움을 평생 느낄 수 없을 것이다.

이런 비정상적인 입시 과열 문화 속에서도 이례적인 행보를 보인 고등학교가 있어 소개한다. 한국 최고의 명문고 중 하나인 민족사관고등학교(민사고)의 이야기다. 이 학교는 '세계를 무대로 활동할 민족 지도자의 양성'이라는 다소 높은 목표를 가지고 있다. 학생들이 졸업하기 전까지 민족정신과 창조적인 리더십을 갖추게 한다. 학교에서 학생들에게 강조하는 능력은 '민족 6품제(외국어, 심신수련, 학술예술, 고전, 독서, 봉사)'라 불리며 아이들은 졸업할 때까지 이 다양한 분야에 대한 일정 자격을 얻으려 노력해야 한다.

그중 독서품은 인격과 지식을 길러주는 독서력을 갖추기 위함인데 이를 위해 학교에서 실시하고 있는 프로그램은 '사제동행 독서 활동'이다. 부모가 아이와 같은 책을 읽는 게 좋다는 얘기를 앞에서 했듯이 교육 현장도 마찬가지다. 스승과 제자가 같은 책을 읽으면 나눌 이야기가 풍성해지고 읽은 내용이 더 오래 기억에 남는다. 이 학교는 전 교사가 이 활동에 참여하고 있다. 사제동행 권장 도서가 정해지면 선생님마다 학생들과 읽고 싶은 책 하나를 선택해 수업을 개설하는 방식이다. 이후 학생들은 개설된 수업 중 본인이 읽고 싶은 책 및 수업을 수강한다. 권장도서의 제목, 저자, 출판사, 추천 교사와 이유 등이 상세히 기록되어 있으니 학생들은 관심 있는 책을 선택하기 매우 용이하고 사전 독서를 할 수도 있다.

이런 독서 프로그램 덕인지 민사고 도서관은 2019년 전국도서관운영 평가에서 대통령상을 수상했다. 이미 영재로 소문이 난 아이들을 선발한다는 민사고에서 점수 획득이 아닌 독서에 이토록 공을 들이는 이유는 무엇일까? 글로벌 리더로서 인격과 지식을 기르는 데 독서가 그만큼 중요한 고지를 차지하고 있기 때문일 것이다.

민사고를 졸업하고 듀크대학교를 거쳐 하버드대학교 로스쿨에 진학한 윤지 작가는 《나는 하버드에서도 책을 읽습니다》라는 책에서 독서의 중요성을 거듭 강조한다. 자꾸 앞만 보고 달려가느라 어릴 때부터 가졌던 꿈과 여타 중요하다 여기던 가치를 잊어가곤 했는데 그것들을 붙들기 위해 택한 방법이 바로 책 읽기였다는 것이다. 공부가 힘들거나 인간관계에 지칠 때, 지금 어디로 가고 있는지 혼란스러울 때도 그는 책을 펼쳤다. 책을 읽으며 자신의 생각에 확신을 다졌고 자기와 다른 상황에 놓인 사람을 이해할 수 있었다. 자신이 경험하지 못한 세상을 무한대로 만날 수 있었던 셈이다. 저자는 이런 독서 경험이 차곡차곡 쌓이면 내면이 단단해질 뿐 아니라 생각이 넓어지고 이해가 깊어진다고 말했다. 그렇기에 잠잘 시간도 부족할 것 같은 로스쿨에서 1년간 130여 권의 책을 읽으며 버틸 수 있었으리라.

아이들은 왜 사고력을 잃었을까?

EBS 〈다큐프라임〉 '학교란 무엇인가'에서 수원의 한 초등학교 1학년 담임 선생님 사례를 소개했다. 선생님은 11년 동안 매일 아침 아이들에게 그림책을 읽어줬다. 학기 초, 선생님만 없으면 까불고 떠들기 바빴던 보통의 1학년 아이들은 시간이 지나면서 점차 책 읽기 자체를 좋아하게 되었다. 제작진은 매일 책을 읽어준 아이들과 그렇지 않은 아이들을 비교해보기로 했다. 3월 초 독서 능력 진단검사를 실시한 뒤 10월(8개월 후)에 다시 한 번 상태를 점검했다.

학기가 시작할 무렵만 해도 두 집단의 독서 능력에는 큰 차이가 없었는데 10월 검사 결과는 사뭇 달랐다. 독서 능력은 크게 정의적 영역(태도)과 인지적 영역으로 구분해 판단한다. 독서 태도는 책을 읽는 동기와 몰입도, 독서 효능, 습관 등을 파악하기 위함이고 인지 영역은 어휘력, 내용 이해력, 비판 감상력 등을 살피는 것이다.

선생님이 매일 책을 읽어준 아이들은 독서 능력 전 영역이 골고루 발달했다. 특히 이야기의 주제를 파악하는 능력, 의미를 찾고 추론하는 능력(비판 감상력)이 뛰어났다. 단순히 점수로 판단하는 결과만이 아니라 교실 모습에도 큰 차이가 있었다. 학급 문고에는 다양한 주제의 책들이 눈에 띌 정도로 늘었고 아이들이 좋아하는 작가 목록을 적은 서류도 보였다. 책에 대한 자발적인 관심이 생겨났다.

한편 우리나라 아이들은 유소년기에 학습 역량 면에서 두각을 보이지만 성인이 되면 외국 학생들에 비해 현저히 뒤처지는 것으로 알려졌다. 이는 초등학교 때부터 12년간 주입식 방식의 교육을 받아들이기 때문이다. 고려대학교 조벽 교수의 저서 《인재 혁명》에 참고할 만한 내용이 나온다. 영재들 중에는 성인이 된 후 더는 영재성을 발휘하지 못하는 경우가 많은데 그 원인 또한 인지적 요인이 아니라 정의적 요인 때문이라고 한다. 암기력, 사고력 등 인지적 요인은 세상 어디에서도 일류지만 정신력이나 자발성, 상처 회복 능력, 긍정성, 책임감, 호기심, 진정성 등 가치관을 포함한 정의적인 요인이 전혀 개발되지 않은 상태라면 아이들은 결국 도태하고 말 것이다.

대학 입시와 학창시절 내신 성적을 객관식 상대 평가로 운영하는 나라는 OECD 국가 중 한국과 일본이 유일하다. 물론 한국의 경우 내신 성적을 산출할 때 수행평가 항목이 반영되지만 아이들의 논리력과 사고력을 제대로 향상시키고 평가할 만한 장치는 미비한 게 사실이다. 사교육을 부추기는 현 입시제도의 개선을 위해 공교육에서는 논리적 글쓰기 수업 마련, 수능에서 서술형 문제 도입 등을 주장하고 있다. 하지만 아직까지 서술형 문제가 수능에 출제된 적은 없으며 각 대학은 점점 높은 기준의 논술 전형을 실시해 학생들의 고전력, 독서력, 사고력 등을 판단한다. 공교육이 논술을 책임져주지 않으니 글쓰기 교육의 왜곡이 끊임없이 이어지고 있다.

교육과혁신연구소 이혜정 소장은 "어떤 종류의 능력을 잘한 것으로 인정해주는지가 학생들의 공부법을 결정한다"고 말했다. 대한민국 학생들의 비판적·창의적 사고 능력이 떨어지는 이유도 그 부분을 평가하지 않기 때문이라는 것이다. 그는 자신의 두 자녀 이야기를 덧붙이며 한국 시험 제도의 문제점을 지적했다. 이혜정 소장의 첫째 아이는 한국 공교육에 잘 적응하지 못하는 편이었다고 한다. "학교에서는 왜 글쓴이의 생각만 물어요? 내 생각은 아무도 묻지 않아요"라고 자주 말할 정도였다. 그래서 첫째는 제주에 있는 한 국제학교로 진학했고 둘째 아이는 그대로 국공립학교에 다녔단다. 그때 이 두 아이가 세상을 어떻게 다르게 보는지를 몸소 체험했다고 한다.

학교에서 평가하는 요소가 다르니 둘째는 첫째에게 "○○ 전쟁을 시대 순으로 나열해봐"라며 문제를 냈고 첫째는 둘째에게 "전쟁 후 평화 합의가 또 다른 갈등을 야기한다는 것에 대해 어떻게 생각해?"라고 질문하는 식이었다. 질문의 차이는 곧 학교 평가 체제의 차이이다. 그뿐이 아니다. 수학 계산이 느려 공교육 단계에서 수포자에 가까웠던 첫째는 국제학교로 전학을 간 뒤 선생님에게 수학자가 되는 게 어떻겠냐는 권유를 들었다고 한다. 지문이 한 페이지 가득한 수학 문제를 전교에서 혼자 풀어낸 이후 벌어진 일이었다. 선생님은 셈이 느린 것은 상관없다고, 수학자는 계산을 하지 않는다고 답했다.

책 읽기가 대학교 커리큘럼 전부인 학교도 있다. 나는 개인적으로 이런 시스템에 주목하고 싶다. 노벨상 수상자 최다 배출 대학인 시카고대학교와 세인트존슨대학이 대표적이다. 별도 교과 과정 없이 독서와 토론이라는 독특한 커리큘럼으로 4년 내내 인문 고전을 읽고 학기 내내 토론하는, 세계를 선도하는 대학교다. 이 학교들은 대체로 책을 읽고 토론하는 수업 비중이 높은 편이다. 여기 재학 중인 한국 학생 인터뷰를 보면 입학 초, 말을 해야 하는데 정작 아무 말도 나오지 않아서 한마디도 못한 채 수업을 마무리한 경우가 허다했다고 한다. 수업이 끝났는데 아무도 일어나지 않는 모습, 밥 먹으러 가서도 수업 관련 이야기를 나누는 모습 등을 보며 문화적 충격을 느끼기도 했단다. 시간이 지나면서 한국 유학생들도 수업의 가치를 깨달을 수 있었는데 책을 읽고 생각하고 말로 표현하며 되새기는 과정, 이것이 교육의 핵심이었다.

전 세계 아이들을 대상으로 하는 OECD 학업 성취도 평가에서도 한국 학생들은 매번 뛰어난 성적을 내지만 행복 지수는 지속적으로 최하위에 머물러 있다. 때문에 미래를 위해 현재의 행복을 반납하고 있다는 평가가 뒤따른다. 한국 학생들은 과연 미래에 행복을 느낄 수 있을까? 조금 오래 전 자료이지만 재미동포 1.5세인 새뮤얼 김 박사가 미국 컬럼비아대학교 사범대에 제출한 논문을 살펴보자. 1985~2007년까지 하버드, 예일, 코넬, 컬럼비아 등 아이비리그 8개 대학교와 스탠퍼드, 버클리 캘리포니아주립, 듀크, 조지타운 등 모두 14개 명문대에 입학한 한인 학생 1,400명을 분석한 결과다. 이들 중 졸업을 한 학생은 784명(56%)에 그쳤고 나머지 44%가 '중도 하차'를 선택했다. 미국 명문대에 입학한 한국인 유학생 중 상당수가 중도에 학업을 포기한다는 의미다. '명문대 입학'이라는 꿈을 이룬 아이들은 막상 그 꿈을 이루고 나면 무엇을 해야 할지, 어떻게 해야 할지 길을 잃어버려 이런 결과를 낸다고 했다.

미국 명문대에 입학했지만 수업 시간에 점점 위축되는 자신을 발견하고 한국으로 돌아온 한 학생의 이야기가 이를 대변한다. 그는 책 한 권을 읽고 토론하는 수업에서 교수님 질문에 말문이 막혔던 기억을 소개했다. "그건 45쪽 저자가 한 말이잖아. 네 생각을 말해 보라고." 토론 자체도 쉽지 않은데 사고를 묻는 교수의 질문에 당혹감을 느꼈다는 학생의 이야기를 신문 기사에서 읽은 적이 있다. 왜 우리는 이처럼 자기 생각을 말하는 데 어려움을 느낄까? 잠깐 스티브 잡스의 고등학교 시절 이야기를 소개하려 한다. 그는 고등학교에 입학하고 '당신은 어떤 사람으로 기억되고 싶나요?'라는 질문을 받았다. 1년 동안 이 주제로 충분히 고민한 뒤 2학년이 되면 관련 내용을 에세이로 써서 제출해야 했다. 이 질문의 답을 찾으려면 현재에 급급할 수 없을 것이다. 적어도 가까운 미래를 내다봐야만 근접한 미래를 생각하고 설계할 수 있지 않을까?

우리나라의 경우 문항을 출제한 이의 의도를 파악해 정답을 찾고 논술 위원의 의도를 짐작해 글을 쓰려고 노력하는 동안 자기 생각 자체가 사라지는 것은 아닐지 우려된다. 진로와 꿈이란 아이들에게 어떤 의미일까? 아이들이 원하는 것을 이루었을 때 그 이상을 내다볼 수 있으려면 어떤 준비가 필요할까? 이 과정을 놓치면 아이들은 사회에 공헌하는 일에 대해, 미래의 행복에 대해 잘못된 답을 찾을 확률이 높다. 결국 시대 흐름에 맞춰 우리나라 교육도 바뀌어야 맞을 것 같다.

과거에는 남이 만들어놓은 생각을 잘 받아들이고 그것을 숙지하면 공부 잘하는 아이였다. 자기 의견을 강하게 피력하거나 주장을 굽히지 않는 일명 튀는 학생보다 순종적인 사람을 훌륭한 인재로 여겼다. 그러나

이와 같은 생각은 구시대적인 발상이며 실제로 한 시대를 이끄는 대부분의 사람들은 평범함과 거리가 있다. 정보의 홍수 속에서도 필요한 정보를 잘 선택하고 스스로 생각하는 능력을 갖추고 있다. 그 과정에서 창의력과 응용력도 발휘할 줄 안다.

유대인 초등학교 교실 수업에서는 수염이 덥수룩한 인상 좋은 선생님이 같은 질문을 여러 번 반복한다. "마따 호 쉐프?" 영어로는 "What do you think?", 우리말로는 "네 생각은 어때?"가 된다. 이 질문을 끊임없이 던지는 게 어쩌면 교육의 본질인지도 모르겠다. 질문이 반복될수록 아이들은 당황하지 않고 자연스럽게 '생각'하는 과정을 습득하게 된다. 정해진 정답만을 대답하는 우리네 교실과는 사뭇 다른 풍경이다. 학부모의 마음을 가지면 앞만 보지만 부모의 마음이면 멀리 보게 된다는 한 강사의 말이 떠오른다. 인문 고전 독서에 앞서 엄마 아빠들이 멀리 보는 부모의 마음을 먼저 준비했으면 한다.

일본, 객관식 대입 시험을 폐지하다

일본은 4차 산업 혁명 시대에 맞는 글로벌 인재 양성을 목표로 현 입시 제도를 폐지하고 150여 년 만에 교육 혁명을 단행했다. 아시아 최초로 국제 바칼로레아International Baccalaureate 논술 교육 과정을 공교육에 도입

한 것이다. 국제 바칼로레아는 스위스에서 시작한 교육 과정으로 토론
하고 글 쓰는 것을 핵심으로 삼은 연구 중심 국제 대입 과정이다. 본부
는 스위스에 있고 대륙별로 지사가 있다. 간혹 프랑스 바칼로레아와 혼
동하는 경우가 있는데 프랑스 교육부에서 주관하고 개발 운영하는 프랑
스 바칼로레아와는 별개 시험이다. 국제 바칼로레아는 국가 차원이 아
닌 스위스 제네바에 위치한 비영리 국제 학사 학위 재단[IBO]에서 50년간
개발 운영해온 교육 과정으로 유럽의 선진 교육 과정 중 장점만을 추렸
으며 독창적 사고, 비판적 능력 향상에 중점을 뒀다.

국제 바칼로레아의 줄임말인 IB 디플로마[Diploma Program]는 모국어, 수학,
사회, 과학 등 6개 영역과 논문 발표 등 창의적 체험 활동을 이수하는 것
이 평가 기준이다. 과정을 이수한 뒤 시험에 통과하면 세계 2,000여 개
대학에 입학 원서를 넣을 수 있다. 현재 전 세계 4,500개가 넘는 학교에
서 IB 프로그램을 운영 중이다.

일본이 우리나라 수능과 같은 유형인 객관식 대입 시험을 폐지하기로
한 결정적인 이유는 이런 평가가 창의성에 전혀 도움이 안 되고 융합적
인 사고를 기르는 데도 무리라고 판단했기 때문이다. 4차 산업 혁명 시
대에 걸맞은 인재를 키우는 데 부적합하다는 의미일 것이다. EBS 〈다큐
프라임〉 '4차 산업 혁명 시대 교육 대혁명'이라는 프로그램을 보면서 나
역시 비슷한 생각을 했다. 이 방송에서는 일본 교육 개혁의 모델이 되고
있는 동경 도립 국제고등학교 3학년의 일본 문학 심화반 수업을 소개했

다. 우리나라로 치면 문학 수업 시간인데 소설을 읽고 소감이나 인물 구성, 표현 기법 등을 학생들 스스로 분석하고 발표하는 모습이 인상적이었다. 맞고 틀리다를 떠나서 학생들이 수업을 주도적으로 이끌었고 자신이 보고 느낀 것을 그대로 이야기했다. 교사는 수업 내용을 경청하며 틈틈이 의견을 주곤 했다. 이 학교는 기존 주입식 수업과 객관식 평가를 탈피하고자 교육 개혁을 추진하는 중이었는데 3년 전 IB 교육 과정을 도입하면서 토론 중심으로 수업 형태가 바뀐 케이스였다. 발 빠르게 새로운 시도를 감행하고 있는 일본이 부러울 따름이다.

이 방송 프로그램에서 진행한 실험도 매우 흥미로웠다. 국제 공인 시험인 IB 평가와 우리나라 수능의 차이, 각각 시험이 학생들에게 요구하는 능력을 알아본 것이다. A 그룹은 2년간 IB 디플로마를 이수하고 시험에 통과해 세계 유명 대학에 갓 입학한 우리나라 학생들, B 그룹은 수능에서 우수한 성적을 받아 명문대에 입학한 대학생들로 구성했다. 그리고 A 그룹에게는 한국의 수능 시험을 B 그룹에게는 IB 시험을 치르게 했다. 결과적으로 우리나라 수능이 요구하는 능력은 질문 의도를 얼마나 빨리 파악하고 푸느냐, 즉 답을 내는 기술이 중요했고 IB는 주어진 정보를 어떻게 분석하고 표현할 것인지를 평가하고 있었다.

오지선다 문형인 수능은 문제를 이해하지 못해도 답을 찍을 수 있는 복불복 평가지만 IB는 서술형 평가이다 보니 다각도로 답안을 검토해 점수를 매긴다. 가령 '이해와 해석'에 관한 질문이 주어졌다고 하자. 채점 기준을 보면 지문에 대한 언급과 해석이 없으면 1점, 지문을 명확히 이해하고 언급하면서 해석 능력을 발휘하면 4점이다. 채점을 맡은 교사 여러 명이 서로 교차하며 점검한 뒤 IBO 센터에 전달하면 최종 학점과 인증을 받는 형식이다.

물론 다각도로, 종합적으로 관리·평가했다고 해서 채점자의 주관성이 배제되지는 않을 것이다. 그러나 적정한 객관성을 유지할 수 있도록 여러 장치를 마련한 평가 방식이 좀 더 신뢰성을 얻는 것은 당연한 결과인 듯하다. 우리나라 수능을 공부하는 학생들 사이에서는 '타임 어택'이라는 표현이 공공연히 사용된다. 그 말 자체가 수능이 평가하는 가장 큰 부분이 시간 싸움이라는 사실을 간접적으로 드러낸다. 인공지능과 맞서야 할 미래의 아이들이 과연 이런 평가에 저당 잡혀 학창 시절을 보내야만 하는 걸까? 나는 많은 학부모가 그 해답을 일찍부터 누구나 시작할 수 있는 인문 고전에서 찾기를 바란다.

인문 고전 독서가 최선의 해답

인문 고전은 그동안 독서 교육에서 매우 중요한 자료로 다뤄졌다. 학교나 국공립 도서관에서 발표하는 권장 도서 목록 중에도 상당수 인문 고전 자료가 포함되어 있다. 이렇게 권장 도서 중 인문 고전이 많은 비중을 차지한다는 것은 그 중요성을 전 세대가 공감하고 있다는 사실을 방증한다. 인문학 열풍 속에서 많은 사람들이 올바른 가치관 형성을 돕는 고전 읽기를 중시하지만 문제는 따로 있다. 학교 과제와 치열한 입시 경쟁으로 인문 고전에 접근할 시간이 허락되지 않는 것이다. 마음이 있어도 우선순위에서 밀려날 수밖에 없다. 하지만 아이들은 자라는 동안 신체적 변화와 함께 정신적인 성숙, 사회를 바로 보는 의식을 두루 받아들여야 하는 존재다. 그것이 곧 살아가는 데 필요한 가치관과 성격 형성에 지대한 영향을 미친다.

양적으로 많은 고전을 습득해야 한다는 말을 하고 싶지는 않다. 책 읽기를 습관화하는 과정이라면 꼭 읽었으면 하는 적절한 고전을 택하고 거듭 읽었을 때 그에 따른 효과가 나타나기 때문이다. 이것이 내가 생각하는 이상적인 독서 교육의 첫걸음이다. 고전은 인류 보편 가치와 변하지 않은 진리를 담고 있는 학문이다. 그만큼 일반 책에서 얻을 수 없는 내용과 깊이를 담고 있는데 이 특성 때문에 때때로 사람들은 고전을 접하면서 인생의 전환점이나 새로운 기회 등을 얻는다. 또한 고전을 읽으면 사고력이 발달한다. 고전은 논리적 구조가 비교적 탄탄한 작품이 많아서 책을 읽는 동안 저절로 논리 구조를 익힐 수 있고 그에 걸맞은 사고력이 쌓인다. 사고력이 높으면 문제 해결 능력도 생기니 결국 남과 다른 방식으로 세상을 이해하는 데 유용할 것이다.

21세기는 무한 경쟁 시대이고 세계는 점점 누가 더 창의적인가에 초점을 맞추고 있다. 국가 경쟁력도 결국 인재를 얼마나 보유하고 있느냐로 재편될 가능성이 크다. 새로운 창조가 가능하려면 지금부터 인문학에 주목해야 한다. 그 인문학적 상상력을 습득하기 가장 쉬운 방법으로, 나는 인류의 지혜가 녹아 있는 인문 고전 독서를 권하고자 한다. 특히 10대의 경우 미리 시작한 고전 독서가 사고와 경험의 폭을 넓힐 것이라 확신한다.

고전은 기본적으로 인간과 세계에 대한 질문으로 시작했다. 그렇기에 성찰을 담고 있고 시대와 사회 변화에 따른 다양한 시각을 내포한다. 미래를 살 수 없는 아이들은 이 분야의 독서로 지식을 얻고 독립된 인격을 갖춰나갈 수 있다. 내가 소속되어 있는 도서관에서도 인문 고전 독서를 권하는 동아리 활동을 지원하고 있는데 그중 초등 4학년 아이들과 엄마들 총 다섯 가족이 함께하는 모임이 있어 간단히 소개하려 한다. 이 가족들의 고전 독서 방법에 대해서는 4장에서 더 자세히 다룰 예정이다.

우리는 2020년 8월부터 모임을 시작해 고전을 함께 읽어 나가고 있다. 주된 방식은 책을 읽고 가장 마음에 들었던 구절과 그 이유를 온라인 카페에 남기는 것이다. 아래 구절은 한 학생이 온라인 카페에 남긴 짧은 글이다. 아마 이 내용을 읽으면 인간다운 품격이 어떻게 쌓이는지를 어렴풋이 짐작할 수 있으리라 본다.

명심보감 8편, 성품을 경계하라

가장 마음에 와닿았던 구절

6장

자기를 굽힐 줄 아는 사람은 중요한 지위에 오를 수 있고 다른 사람 이기기 좋아하는 사람은 반드시 적을 만나게 될 것이다.

나는 처음에 굽힐 줄 아는 게 뭔지 몰랐다. 그런데 좀 생각해보니 '겸손해지는 것이다'라는 결론이 나왔다. '겸손해지다'는 나만 잘 났다고 생각하지 않는 것이다. 나도 겸손해지려고 노력 중이다. 겸손해지면 친구도 더 많이 생긴다. 나도 전에는 잘난 척을 좀 했는데 이제는 그러지 않는다. 내가 봐도 학년이 올라가면서 조금 바뀐 것 같다. 1학년 때는 아무것도 모르는 나, 2학년 소심하고 웃음기 없는 나, 3학년 장난꾸러기 나, 4학년 겸손하고 당당한 나로 바뀌었다. 나는 4학년 때가 제일 좋았다. 그런데 이제 5학년이 된다. 5학년 때는 어떤 '나'가 될지 상상이 가지 않는다. 5학년에도 신나는 삶을 살았으면 좋겠다. 또 나는 승부욕이 강하다. 승부욕이 너무 강하면 반칙을 써서라도 이기고 싶어지고 지면 엄청 속상하다. 나는 이 정도는 아니지만 승부욕이 꽤 강한 편이니 조심해야 될 것 같다. 나중에 지나치게 승부욕이 강해질 수도 있으니까.

초등학교 4학년 남자아이의 깨달음이다. 띄어쓰기 정도만 살피고 아이가 적은 소감을 가감 없이 정리한 내용이다. 1학년 때는 아무것도 모르는 나, 2학년 소심하고 웃음기 없는 나, 3학년 장난꾸러기 나, 4학년 겸손하고 당당한 나로 바뀌었다는 초등학생의 자아 성찰을 읽으며 고전이 주는 힘을 다시금 느낀다.

사실 고전 독서 동아리 모임은 코로나가 시작되며 순탄하지 않았다. 한 학기 동안 딱 두 번 오프라인으로 만났을 뿐 나머지는 온라인 모임으로 진행했다. 그런데 지난해 12월 마지막 모임에서 《명심보감》을 읽으며 상상의 나래를 경험한 아이들은 "이 책 다 읽고 나면 다른 책도 할 거죠?"라며 호기심 어린 눈빛을 보냈다. 아이들 스스로가 앞으로 죽을 때까지 인문 고전 독서 동아리를 이어가고 싶다고 입을 모은다.

엄마들은 이 모임을 통해 '아, 내 아이가 이런 생각도 하는구나'와 함께 '아, 아직 이 부분을 잘 모르는구나'를 동시에 느낄 수 있었다고 한다. 이 과정이 결국 앞으로 어떤 부분을 더 챙겨야 할지로 연결되니 큰 수확이라는 사실은 부인할 수 없다. 나 또한 독서 모임에 참여한 엄마와 아이들을 바라보며 그동안 쌓인 피로가 싹 날아가는 행복을 느꼈다.

이것이 고전의 힘이다. 내가 초등 시절 꼭 읽기를 바라는 고전은 주로 동양 고전으로 총 다섯 권 정도이다. 글밥이 적은 그림책으로 책에 흥미를 갖기 시작한 아이라면 누구라도 시작할 수 있다. 특히 동양 고전은 여러 편으로 나눠 있어서 매일 20분 정도 투자하면 충분히 읽을 수 있다. 그 뒤로 글밥이 많은 다양한 분야 독서로 이력을 쌓으면 독서 습관을 정착시키는 과정이 그다지 어렵지 않다. 앞서 소개한 초등학교 아이들처럼 재미를 붙이면 스스로 알아서 책으로 파고들 테니 말이다.

다만 매일, 매주 조금씩 꾸준히 읽는다는 것은 생각처럼 쉬운 일이 아니다. 좋은 방법이라 생각하면서 나중으로 미루는 것과 실패하더라도 계속 시도하고 실천하는 것은 비교도 안 될 만한 큰 차이를 가져온다. 필요성에 고개만 끄덕이기보다 직접 따라해보자. 뒤이어 소개할 방법론을 하나씩 짚어보며 가정에서 고전 읽기에 도전하길 바란다. 고전을 통해 성장할 나와 내 아이의 모습을 기대하면서.

입은 곧 마음의 문이니,
입을 지킴에 있어 엄밀하지 못하면 마음속 기밀을
다 새어나가게 할 수 있고,
뜻은 곧 마음의 발이니,
뜻을 막는 것이 엄격하지 않으면
사악한 작은 길로 달리게 될 것이다.

_《채근담》전집(前集) 220장

2장

초등 생활에
고전이 필요한 이유

인문 고전 독서의
비밀

투자의 대가 워런 버핏의 점심 식사 경매를 들어본 적이 있는 가? 1999년부터 매년 열리고 있는 이 자선 경매는 워런 버핏과 점심 식 사할 기회를 두고 경쟁 입찰을 진행한다. 낙찰가 전액은 노숙자, 소수 민족 등 경제적으로 궁핍하고 억압받는 지역 사회를 후원하는 비영리 단체 글라이드GLIDE 재단에 기부된다. 20년째 이어지고 있는 이 경매의 2019년 낙찰가는 약 457만 달러(약 55억 원)로 알려졌다. 누구나 쉽게 도 전할 수 있는 금액은 아니지만 돈만 있으면 나오는 전혀 다른 세계에 사 는 듯 보이는 워런 버핏과도 식사를 할 수 있는 것이다.

명사와 잠깐이라도 대화하고 싶어 시간과 돈을 쓰는 사람들을 보며 고 스티브 잡스가 떠올랐다. 그는 생전에 애플이 보유하고 있는 모든 기술을 주고서라도 소크라테스와 점심 식사를 함께하고 싶다는 말을 했었다. 애플 사의 기업 가치를 정확히는 모르지만, 스티브 잡스가 소크라테스와 함께하는 반나절의 가치를 그 이상으로 두고 있다는 것은 확실히 느낄 수 있었다.

기원 전 철학자인 소크라테스와의 만남을 세상 사람 누구나 다 알 법한 그가 이토록 고대하는 이유는 무엇일까? 스티브 잡스의 인문학 예찬은 이미 널리 알려진 일이다. 그는 또 애플의 성공 배경에 기술뿐 아니라 인문학적 기반이 새겨 있다는 말도 여러 번 남겼다. 스티브 잡스는 아무리 세상이 발달하고 새로운 기술이 도입된다 해도 그 기반이 무엇으로 채워져야 하는지를 알고 있었던 게 아닐까? 나 역시 보다 많은 사람들이 소크라테스를, 데카르트를, 공자와 맹자를 만나기를 고대하면 좋겠다.

그들과 직접 대화를 나눌 수는 없지만 고전을 통해 우리는 이 현자들을 만날 수 있다. 고전을 집필한 저자들은 우리가 인생을 살아가는 동안 어떤 질문을 던지고 생각해야 하는지를 알려준다. 언어와 문화, 역사, 철학을 근간으로 하는 인문학이 당장 돈을 가져다주는 것은 아니지만 삶의 방향을 제시하고 영감을 준다는 사실은 변함이 없다. 쉽게 말하면 인생의 내비게이션이 되어주는 것, 직접 운전해주지는 않지만 순간순간 잘못된 길로 들어설 때마다 나에게 다시 나아가야 할 방향을 안내해주는 것, 나는 이것이 인문학이라 믿고 있다.

인문학은 아무리 시대적 간극이 커도 그 시공간을 초월할 만한 힘을 가지고 있다. 아마도 이 이야기에 우리보다 먼저 산 사람들의 지혜가 담겨 있기 때문일 것이다. 그래서 고전은 시대를 뛰어넘어 높이 평가되고 후세의 사람들에게 끊임없이 영향력을 행사한다. 기원 후 2천 년이 넘는 시간 동안 검증된 가치 있는 학문, 고전을 읽지 않으면 그 속에 숨겨진 비밀과 진가, 지혜를 절대 경험할 수 없다.

교육 이야기로 다시 돌아오자. 교육의 효과란 무엇일까? 배우고 외운 뒤 시간이 지나도 내 안에 남는 무언가다. 그 지식은 내 몸에 체화돼 지혜와 능력으로 남게 된다. 사고력, 협동력, 소통 능력 등이 그것이다. 이런 부분을 반영해 교육하는 사례를 미국의 아주 작은 대학에서 발견했다.

세인트존스대학 St. John's College

메릴랜드주의 작은 도시 아나폴리스에 위치한 세인트존스대학은 전 교생이 500명도 채 되지 않는 아주 작은 학교로 1696년도에 개교했다. 당시 메릴랜드주는 영국령 식민지였는데, 이 식민지 민족의 교육을 위해 문을 연 '킹 윌리엄 스쿨'이 세인트존스대학의 전신이다. 킹 윌리엄 스쿨은 무료 교육으로 운영되었고 1937년 교과 과정을 개편한 뒤 세인트존스대학으로 이름을 바꿨다. 이 작은 사립대학이 아이비리그, 하버드와 같은 명문대를 부러워하지 않는다면 믿을 수 있겠는가? 어딜 가나 책을 읽고 토론하는 학생들이 눈에 띈다는 이 학교는 미국에서 세 번째로 오래된 대학, 세인트존스다.

더 놀라운 것은 이 학교의 교육 과정이다. 수학부터 철학, 과학, 역사에 이르기까지 다양한 인문 고전 도서를 읽고 토론하는 것이 유일한 교과 편성이기 때문이다. 입학생들은 4년 내내 200권 정도의 책을 읽으며 공부하고 학생 대 교수 비율은 7:1에 해당한다. 이 학교가 최우선의 과제로 삼는 것은 학생 개개인의 사고력 향상이다. 입학생은 학년이 올라갈수록 더 심층적인 고전을 읽고 이해해야 하며, 졸업할 때까지 전공이 나눠지지 않는 학부제 시스템이다. 그래서 이 모든 과정을 이수했을 경우 교양 학사 학위를 얻게 된다. 그럼에도 불구하고 학생들은 매년 졸업 후 법, 금융, 예술, 과학 등 다양한 분야로 진출한다. 철학가나 사상가 배출이 많기로도 유명하다.

세인트존스의 교수들은 학생들에게 뭔가를 가르치지 않는다. 이 학교에서 교수의 역할은 가르치는 사람이 아니라 학생이 스스로 생각하며 공부할 수 있도록 이끌어주는 사람이다. 따라서 교수Professor가 아닌 튜터Tutor라고 부른다. 지식을 일방적으로 전달하는 수직적 구조가 아니고 학생들과 수평적 관계를 만들어가는 셈이다.

수업 방식은 토론이다. 토론의 진행 및 주도는 학생이 맡고 튜터의 역할은 질문을 준비해오는 것이다. 보통 한 세미나에 두 명의 튜터가 배정되는데 이들이 번갈아 가면서 발제 질문을 준비하고 학생들에게 왜 이런 질문을 하게 되었는지를 설명한 뒤 토론 내내 가이드 역할을 한다. 책에 등장하는 문장을 예문으로 읽어주면서 의견이 엇갈린 토론자 사이를 중재하기도 하고 다른 의견을 통해 파생된 새로운 주제로 토론을 이어가는 경우도 있다.

세인트존스의 도서 목록을 살펴보면 1학년 때는 고대 그리스, 2학년 때는 중세, 3학년 때는 근대, 4학년 때는 현대 철학과 문학 도서 위주로 적혀 있다. 모든 고전을 다 읽기도 쉽지 않을 텐데 학년이 올라갈수록 난해하고 포괄적인 개념의 작품이 계속해서 등장한다. 세기의 천재들이 쓴 이 어려운 책들은 사실 한 학기에 한 권만 읽어도 힘들 것이다. 그런데 어떻게 그 짧은 기간 동안 여러 권의 고전을 읽고 다양한 의견을 나눌 수 있을까? 고전마다 세미나의 횟수가 다르고 때로는 책의 일부만 읽고 토론하는 경우도 있다. 많게는 절반, 적게는 한 챕터 혹은 한두 장의 내용만 읽는데, 이를 두고 과연 '고전을 읽었다'고 할 수 있는지 의문이다. 그렇게 배워도 토론이 가능한지, 배울 부분이 있는지에 대해 세인트존스를 졸업한 한국인 학생은 이렇게 답변한다. 고전은 '읽는 책'이 아니라 '생각하는 책'이라고. 고전은 한 줄, 한 줄 천천히 곱씹으면서 생각해봐야 하고 또 그렇게 천천히 읽게 하는 힘이 있다는 것이다. 나 역시 그의 의견에 동의한다. 고전은 웬만큼 봐서 자신감이 있지 않고서는 '읽었다'

고 말하기보다 '생각해봤다'고 하는 게 더 잘 어울린다. 이런 자세로 접근한다면 누구든 편하게 고전을 마주할 수 있을 것이란 생각도 든다.

시카고대학교 University of Chicago

시카고대학교는 미국 중서부 일리노이주 시카고에 있는 사립대학이다. 미국의 유명한 석유 재벌 존 록펠러가 1890년에 설립했는데, 설립 후 40년간은 삼류대학 취급을 받을 정도로 이름 없는 대학이었다. 그랬던 곳이 세계적인 대학으로 성장해 2019년 유에스뉴스앤월드리포트 U.S. News & World Report 저널 대학 평가에서 컬럼비아, 예일, 매사추세츠와 함께 공동 3위를 기록했다. 그동안 시카고대학에서 배출한 노벨상 수상자만 해도 90명이 넘는다고 알려졌다.

이름 없는 사립대학이 현재의 명성을 갖기까지 여러 요인이 있겠지만 이 학교의 '인문 고전 독서' 커리큘럼이 가장 큰 영향을 미쳤을 것이라 예상한다. 5대 총장이었던 인문 고전 애독가 로버트 허친스는 대학을 성장시키려면 학생들에게 인문 고전을 읽혀야 한다고 확신했던 인물이다. 그로 인해 인문 고전 100권을 정독해 읽고 토론하고 에세이를 쓰는 과정이 대학 커리큘럼으로 도입되었고 그때부터 그 유명한 '시카고 플랜'이 시작됐다.

고전은커녕 소설책조차도 제대로 읽지 않던 학생들의 반응은 썩 좋지 않았다고 한다. 하지만 총장 허친스는 학생들의 반응에 굴하지 않고 고전 읽기를 강행, 수업 참여를 의무화했다. 종합 시험으로 학업을 평가하는 제도를 만들어 인문 고전 독서 프로그램을 강력히 추진했다.

책 읽기는 어떤 면에서는 운동과 비슷하다. 평소 운동을 전혀 하지 않던 사람이 갑자기 고강도 운동을 하면 다음 날 온몸에 근육통이 퍼져 제대로 걷기조차 힘들다. 하지만 포기하지 않고 매일매일 운동을 거듭하면 몸은 어느새 적응하고 잔 근육이 붙기 시작하면서 피로감 대신 가뿐함을 얻는다.

학생들의 변화도 비슷했다. 뇌에 경련이라도 일어난 듯 힘들어하고 인문 고전 독서를 따분해하던 학생들은 막막한 시기를 지나 점차 수업을 따라 가기 시작했다. 억지로 시작한 독서였지만 100권 목표 중 반을 넘어서자 스스로도 놀라운 변화를 느꼈다고 말한다. 도서관에서 밤을 새며 자발적으로 독서 및 토론하는 친구들이 늘어났고 '왜 공부를 해야 하는가?' '내가 정말 하고 싶은 일이 무엇인가?'와 같은 질문에 스스로 답을 찾는 경우도 증가했다는 것이다.

허친스는 인문 고전 독서는 자유와 책임을 가져다주고 생계 방법을 익히도록 도움을 준다고 말한다. 그런 뒤 각자 흥미와 적성을 계발해도 늦지 않는다는 주장이다. 시카고대학의 성공으로 인문 고전 독서의 중요성을 깨닫게 된 시카고 주 정부는 '그레이트 북스'라는 재단을 설립해 어린이에서부터 성인에 이르기까지 각자 수준에 맞는 고전을 읽고 토론하며 성장할 수 있도록 기회를 마련하기도 했다.

클레멘트 코스 Clemente Course

시카고대학교 출신에 시카고 플랜 수혜자인 미국 작가 얼 쇼리스는 빈민층을 위한 인문 고전 독서 교육 과정 '클레멘트 코스'를 만들었다. 단순 인문학 강좌 수준이 아니라 대학 정규 과정에 준하는 교육을 전하고자 했다. 그는 가난한 사람들을 계속 가난하게 만드는 악순환을 끊기 위해서는 이들에게 인문학을 가르쳐야 한다고 주장했다.

그가 이런 생각을 하게 된 계기는 한 여성 재소자와의 짧은 만남 때문이었다. 1995년 취재차 찾은 뉴욕의 한 교도소에서 그는 살인 사건에 연루된 '비니스'라는 죄수를 만나게 된다. 그녀의 심드렁한 대답과 자포자기한 눈빛을 본 얼 쇼리스는 사회적 약자를 대표하는 가난한 사람들, 알코올 중독자, 노숙자, 실직자, 출소자들에게 진짜 필요한 게 무엇인지를 고민한다. 비니스는 "우리 아이들에게 시내 중심가 사람들의 정신적 삶을 가르쳐야 합니다. 가르치는 방법은 간단합니다. 우리 애들을 연극이나 박물관, 음악회, 강연회 등에 데리고 다녀주세요. 그러면 그 애들은 그런 곳에서 시내 중심가 사람들의 정신적 삶을 배우게 될 것입니다"라고 답했다.

얼 쇼리스는 그제야 사회적 약자들에게 인문학을 가르쳐야 할 이유를 발견했다. 비니스의 해결책을 인정한 얼 쇼리스는 '시내 중심가 사람들의 정신적인 삶'이 어떻게 그들을 폭력적인 환경에서 끌어낼 수 있을지, 연극이나 박물관·미술관에 다니는 것으로 어떻게 가난을 쫓아낼 수 있는지를 고민했다. 그 결과가 '클레멘트 코스'에 반영된 셈이다.

얼 쇼리스는 빈민층을 구제할 정신적인 삶은 곧 정치라는 생각을 하게 됐다. 하지만 가난한 사람들이 공적인 세계에 진입해 정치적인 삶을 살기 위해서는 먼저 깊이 생각하는 법을 배워야 했고, 이것이 결국 비니스가 말하는 정신적인 삶의 본질일 터였다. 가난한 사람들이 가난에서 벗어날 의지를 가지려면, 그들을 연대하고 움직이게 하려면 결국 인문학의 힘이 필요하다는 결론이었다.

얼 쇼리스는 클레멘트 코스를 개설해 그들과 함께 한 편의 시를 읽고 플라톤와 아리스토텔레스의 대화, 그리스 비극, 미술사, 역사, 논리학 수업 등을 시작했다. 이 코스를 막 시작했을 무렵만 해도 기금을 모으는 게 매우 어려웠다. 빈민들에게 인문학 교육이라니 말도 안 된다며 비웃는 사람들도 많았다. 수강생의 중도 포기율은 45%에 달했다. 그럼에도 지원자는 점점 늘기 시작했다. 수료증 이외에는 아무것도 보장할 수 없는 이 수업을 통해 그들은 무엇을 얻으려 했을까?

클렌멘트 코스를 수료한 어느 학생의 인터뷰가 매우 인상적이다. 인문학을 배우기 전에는 욕이나 주먹이 먼저 나갔는데, 이제는 자신을 설명할 수 있게 되었다는 것이다. 자신을 사회적 약자로 만들었던 조건들에 대해 과거와는 다르게 대응할 수 있는 힘이 생겼고 빈곤의 대물림에서 벗어날 수 있는 희망이 생겼다고도 답했다. 반응 위주의 삶을 살았던 그들이 반성적, 성찰적 사고를 하는 인생으로 변화되었다. 자신의 자녀와 대화를 하고 책을 읽어주는 과정만으로도 즐거움을 발견한 사람도 있고 부모와 대화가 단절되었거나 폭언만이 오가던 관계가 고전 시나 철학적 주제로 대화를 나누는 사이로 발전하기도 했다.

인문학 교육 과정이 개설되고 1년 뒤 클레멘트 코스는 총 16명의 졸업생을 배출했다. 그중 10명은 4년제 대학 혹은 간호학교에 진학했고 4명은 바드대학(인권학을 최초로 학문화한 학부 중심의 대학)에 전액 장학생으로 입학했다. 다른 졸업생들도 전문대학에 들어가거나 풀타임 잡을 얻었다. 졸업생들 중 2명은 박사 학위를 따기 위해 공부를 지속했고 2명의 치과 의사, 1명의 간호사를 배출했다. 10년간 감옥에서 수감 생활을 하던 한 죄수는 마약 재활 프로그램으로 치료를 받으며 클레멘트 코스를 졸업했다. 이후 대학 교육을 받은 뒤 그는 자신이 치료받은 재활 프로그램의 상담 책임자가 되었다.

돈이 되지 않아도 알아야 할 것들

사회에서 소위 진보적인 생각을 가지고 있다는 지식인들도 노숙인이나 저소득층 같은 사회적 약자들에게는 교육보다 훈련이 더 필요하다고 생각한다. 그런 사고방식은 보통 적성 교육, 진로 교육이라는 이름으로 재구성돼 대상을 훈련하는 데 초점을 맞춘다. 하지만 앞서 소개한 다양한 학교의 과정들은 사람을 근본적으로 변화시키는 힘이 '인문학 교육'에 있음을 짐작하게 한다. 당장 단순 노동 일자리를 제공하고 소정의 돈을 지급한다고 해서 삶의 본질이 달라질 수는 없기 때문이다.

하지만 '나는 누구인가?' '나는 왜 존재하는가?'와 같은 질문은 꼭 필요하다. 눈앞의 가난을 즉시 해결하거나 밥을 먹여주진 않더라도 인생을 길고 멀게 바라볼 수 있도록 해준다. 이 질문이 빠르면 빠를수록 모든 행동의 동기가 분명해진다. 이를 가능케 하는 것이 인문학이고 우리는 고전을 읽음으로 성찰적 사고의 길로 들어설 수 있다.

페이스북 공동 설립자이자 최고 경영인인 마크 저커버그는 인문 고전 독서를 중요시하는 어머니의 영향으로 어린 시절부터 역사, 예술, 논리학, 그리스 신화 등 다양한 분야 도서를 섭렵했다. 독서를 통해 인문학적 통찰력을 얻었다 해도 과언이 아닌 셈이다. 또래 아이들보다 호기심이 유난했던 그는 쉴 새 없이 질문을 쏟아내곤 했는데 그의 부모는 이 폭풍 질문에 항상 일일이 반응했다고 한다. 그 질문을 자연스럽게 토론으로 연결 짓기도 했다.

그는 대학 입시를 준비하던 당시 성적이 그리 좋지 않았다. 학교에서도 그가 하버드대학교에 입학할 수 있으리라고는 생각하지 않았다. 마크 저커버그는 대학 입시 자기소개서에 '나만을 위해서가 아니라 이 세상을 위해서 내가 무엇을 해야 할지 그 답을 찾기 위해 저는 하버드의 문을 두드립니다'라는 내용을 적었다. 하버드대학교 교수진은 이렇게 인간다운 품격을 보여주는 학생을 성적이 조금 못 미친다는 이유로 안 뽑을 수는 없다며 만장일치로 그의 합격을 결정했다. 공부나 스킬 등 부족한 부분은 가르칠 수 있지만 인간다운 품격은 교육으로 해결되지 않는 부분이라 여겼기 때문이란다. 그의 깊은 사고와 인격을 학업 성적보다 높이 산 교육 문화를 보며 여러 가지 생각이 들었다.

중국의 극동 지방에서 자라는 희귀종 모소대나무가 있다. 농부들이 여기저기에 뿌리를 잘라서 묻고 수년간 정성을 들여 키워도 모소대나무는 4년 동안 겨우 3cm 남짓 자란다. 얼핏 눈으로 보기에는 전혀 자라지 않는 것처럼 보일 정도로 성장이 미비하다. 하지만 5년차가 되면 하루에 무려 30cm 넘게 쑥쑥 자라기 시작해 6주 만에 15m 이상을 웃돌게 된다. 순식간에 울창한 대나무 숲을 형성하는 것이다. 짧은 시간에 폭풍 성장을 한 것 같지만 사실 모소대나무는 지난 4년간 땅 속 깊이 뿌리를 내리고 있었을 뿐이다. '고전'이 가지는 힘도 모소대나무의 성장과 비슷하다. 하루아침에 그냥 이루어지는 것은 없다. 모소대나무가 누구도 알아채지 못하는 시간 동안 제 할 일을 묵묵히, 충실히 이행했기에 숲을 이룰 수 있었던 것처럼 말이다.

사실 고전 읽기가 눈에 띄는 결과를 내지 못할 수도 있다. 한동안은 책을 읽어도 별 느낌이 들지 않는 경우도 있다. 하지만 시카고 플랜과 클레멘트 코스의 결과가 오랜 뒤 누군가의 인생 이정표를 바꿔놓았던 것처럼 우선은 작은 뿌리를 심는 데 집중하라는 말을 해주고 싶다. 조급해하지 말고 계속 해서 고전을 읽어 나간다면 부모도 아이도 모르는 사이 변화된 스스로를 발견하리라 확신한다. 읽어본 사람만이 경험할 수 있는 인문 고전 독서의 길, 그 비밀의 문을 용기 있게 열어보시라.

내 생각을 말할 수 있는 책 읽기

2010년 G20 정상 회담 폐막식 기자 회견장의 에피소드를 들어본 적이 있을 것이다. 오바마 전 미국 대통령은 그동안 애써준 한국에 대한 감사의 표현으로 한국 기자들에게 우선 질문할 기회를 주겠다고 했다. 순간 적막이 흘렀다. 잠시 후 중국 외신 기자가 손을 들어 자신이 대신 질문을 하면 안 되겠냐고 했고 오바마 대통령은 한국 기자의 질문을 받기로 한 시간이니 그들에게 먼저 우선권을 주겠다고 답했다.

오바마 대통령의 배려가 무색하게도 적막은 계속됐다. 혹시 언어의 문제일지도 모른다고 생각한 오바마 대통령은 "통역이 필요할지도 모른다. 아니 통역이 필요할 거다"라고 이야기했다. 통역은 얼마든지 준비되어 있으니 한국어로 편안하게 질문해도 된다는 의도였다. 그럼에도 결과는 크게 달라지지 않았고 아쉽게도 질문 기회는 중국 기자에게 돌아갔다.

취재를 업으로 삼는 기자들이 왜 아무도 질문하지 못했을까? 도대체 뭐가 문제였을까? 폐막식 기자 회견장에는 세계 각국의 외신 기자(외국어에 능한)가 모여 있었으니 단지 언어의 문제라 볼 수는 없다. 아마도 질문 문화가 익숙하지 않고 괜히 실수라도 할까 봐 두려워서가 아니었을까 짐작해본다.

실제로 우리는 지나칠 만큼 다른 사람의 시선이나 평가를 의식하며 살고 있다. 그래서 질문할 때조차 다른 사람이 이런 내 질문에 대해 혹은 내 행동에 대해 어떻게 생각할까를 먼저 고민하곤 한다. 그러니 당연히 마음 편히 의견을 묻지 못하는 것이다. 질문에도 정답이 있는 것처럼 생각하기 때문에 잘못된 질문, 이상한 질문을 할까 염려한다.

굳이 시사적인 예를 들지 않더라도 이런 모습은 자주 목격된다. 가령 한국 부모들은 아이가 학교에서 돌아오면 "오늘도 선생님 말씀 잘 들었니?"라는 질문을 자주 한다. 반면 유대인 부모는 "오늘 학교에서 무엇을 질문했니?" 하고 묻는다. 이스라엘 교육 현장도 상황은 비슷하다. 선생님이 학생들에게 가장 많이 하는 말은 "마따 호 쉐프?"이다. 이 말은 "네 생각은 어때? 너의 의견은 뭐야?"라는 의미다. 우스갯소리지만 미국은

"다 이해했니?"라는 말을, 중국은 "다 외웠니?"라는 말을, 한국은 "다 알겠지?"라는 말을 교수가 가장 많이 사용한다고 한다.

'네' '아니오'와 같은 단답형 답이 나올 수밖에 없는 질문은 생각과 생각을 연결하지 못한다. 그런데 우리가 자주 묻는 "다 이해했니?" "다 외웠니?" "다 알았니?"라는 질문은 전부 단답을 요하는 문항들이다. 반면 생각과 의견을 묻는 질문에 답을 하기 위해서는 생각이 꼬리를 물고 물어 특정 구조를 형성해야만 한다. 그래야 자기 생각을 말로 표현할 수 있기 때문이다. 문제는 이런 열린 질문은 우리나라 학교 수업에서 자주 경험할 수 없는 부분이다.

이때 우리는 질문하는 요령에 대해 생각할 필요가 있다. 좋은 질문을 던지는 것이 때로는 좋은 대답을 하는 것보다 어렵기 때문이다. 열린 질문은 대개 '왜' '어떻게' '무엇을'과 같은 단어를 포함한다. 그리고 어김없이 요구되는 또 다른 스킬은 대화 주도권을 상대에게 넘기는 기술이다. 질문을 받은 사람에게 주도권이 넘어가지 않으면 쌍방 대화로 볼 수 없다. 만약 질문하는 사람이 대화 주도권을 계속 쥐고 있다면 질문자는 닫힌 질문을 하고 있을 가능성이 크다. 이는 대화라기보다 인터뷰에 가깝다고 봐야 한다.

우리나라의 경우 자라나는 아이들이 개방형 질문을 하고 열린 대답을 이어갈 수 있는 문화에 익숙해지는 시간이 필요한 듯하다. 보통 '○○에 대해 설명해주세요'와 같은 형식을 우리는 열린 질문이라고 여기는데 신기한 점은 그에 따른 대답에도 개인의 풍부한 생각이 그대로 반영된다는 것이다. 교육 방향도 개방형 질문을 하고 열린 대답을 할 수 있는 쪽으로 개선되어야 마땅하다.

질문은 개념의 이해, 사고의 발달을 돕는다. 거기에 한 가지 더 강조하고 싶은 부분은 경청이다. 질문이 좋아도 상대의 말을 제대로 듣지 않으면 생각하고 반응하는 과정이 일어나지 않는다. 질문과 경청, 사고 이 세 가지 요소가 유기적으로 이어지면 비로소 생각의 폭이 넓어진다.

한국은 OECD 국가 중 사교육비를 가장 많이 지출하는 나라로 손꼽힌다. 그런데 사교육 효과는 어떤 식으로 나타나고 있을까? 여전히 상당수 학생들은 수업을 들으며 메모를 하고 심지어 녹음까지 한다. 만약 앞에서 말한 것처럼 생각하며 의견을 주고받는 형태로 수업이 진행된다면 이런 공부 습관은 그리 중요하지 않은 부분이다. 어떻게 해야 교육이 올바른 방향으로 나아갈 수 있을까?

세계 인구 2%밖에 되지 않는 유대인은 아이비리그 재학생 비율이 30%에 가깝다. 게다가 노벨상 수상자 중 유대인 비율이 30%에 해당한다. '유대인은 특별히 두뇌가 명석한가보다'라고 생각하는 사람도 있을 수 있다. 그러나 핀란드 헬싱키대학이 2002년 세계 185개 도시 국민을 대상으로 IQ를 검사한 결과(www.rlynn.co.uk), 예상은 보기 좋게 빗나갔다. 평균 IQ가 가장 높은 도시는 홍콩으로 107, 그다음은 우리나라가 106이었다. 유대인이 많이 사는 이스라엘 지역의 평균 IQ는 94로 전체

45위를 차지했다.

　타고난 두뇌의 문제가 아니라면 유대인이 가지고 있는 특별함은 무엇일까? 한두 가지로 단정할 수는 없겠지만 나는 그 해답이 질문하는 문화, 내 생각을 조리 있게 말하는 문화에 있다고 생각한다. 또한 그들은 어린 시절부터 누구나 《토라》《탈무드》와 같은 고전을 몇 번씩 반복해 읽으며 '하브루타'라는 토론을 즐긴다. 고전과 토론이라는 이 방식이 결국 사고의 확장을 가져오는 것이리라 짐작할 뿐이다. 고전을 읽다 보면 읽기를 멈추고 잠시 생각을 유도하는 여러 문장을 만나게 된다. 같은 문장을 보고도 각자 다른 생각을 할 수 있다는 점도 신비롭다. 이 과정을 입 밖으로, 마음 밖으로 꺼내 자유자재로 나눌 수 있는 과정이 아이들에게 필요하다. 그 과정의 연습을 비슷하게나마 실천할 수 있도록 '하브루타'를 더 자세히 소개해보려 한다.

하브루타 havruta 이야기

　하브루타는 유대인의 전통적인 학습 방법이다. 두 명씩 짝을 이뤄 공부한 것에 대해 서로 질문을 주고받으면서 토론 및 논쟁을 하는 방식이다. 하브루타의 원래 의미는 '친구, 짝, 파트너'인데 이것이 '짝과 함께 공부하는 것'으로 확장되면서 질문과 대답, 토론 형태로 발전했다.

　동양에도 비슷한 의미의 성어가 있어 반가운 마음에 소개한다. 가르칠 교教, 배울 학學, 서로 상相, 클 장長이 모인 말, 교학상장이다. 서로 가르치고 서로 배우면서 성장한다는 의미의 이 성어는 하브루타의 본질과도 내용이 이어진다. 윗사람은 가르치고 아랫사람은 배우는 상하 수직적인 소통이 아니라 쌍방향으로 영향을 주고받는 게 결국은 교육인 셈이다.

미래의 아이들은 기성세대의 주입식 교육을 답습하지 않았으면 한다. 그래서 나는 부모의 역할이 더 중요하다고 생각한다. 아이와 함께 정해진 답을 찾아가려 연습하기보다 서로 질문하고 대화하며 아이 스스로 탐구하고 사고할 수 있도록 길잡이 역할만 해주자는 것이다. 아이는 그 끝에서 각자의 답을 찾을 것이라 확신한다. 100명의 유대인이 있다면 100명의 생각이 있다는 말이 있다. 저마다 서로 다른 사고를 가지고 있음을 인정하자는 의미일 것이다. 어떤 생각이라도 자신을 표현할 수 있게 도와주고 그 생각을 격려한다면 앞으로 자라날 아이들은 최소한 질문을 창피해하지는 않을 것이다.

유대인들의 사상에 대해 조금 더 설명하자면 '후츠파Chutzpah 정신'을 빼놓을 수 없다. 히브리어인 '후츠파'의 원래 의미는 무례함, 주제넘음, 뻔뻔함, 당돌함이다. 그 정신에는 자신보다 연장자나 권위를 가진 상대방 앞에서도 할 말을 당당하게 하라는 뜻이 내포돼 있다. 자신의 의견을 제시함에 주저하지 말고 특정 권위자의 일방적인 주장에 반기를 들 수 있는 문화, 정해진 고정관념에 자신을 가두지 않고 자신의 견해를 고집하는 행보. 유대인들은 세대를 막론하고 누구와도 활발한 토론을 이어간다. 말없이 대세를 따르는 것을 절대 미덕이라 보지 않는다. 후츠파 정신의 7가지 요소는 다음과 같다.

1. 형식 타파

지위나 형식에 구애받지 않고 생각이나 행동의 자유로움을 추구하지만, 인격에의 도전은 삼간다.

2. 섞임·어울림

나라를 잃고 세계 각지로 흩어져 살면서 새로운 환경에 직면한 유대인들은 빠르고 효과적으로 적응하기 위해 섞임과 어울림을 체화한다.

3. 질문의 권리

유대인들은 나이나 직위에 상관없이 수평적인 관계 속에서 서로 묻고 답하기를 즐긴다. 질문을 통해 창의적이고 새로운 것을 탐색하고 성취하는 게 익숙하다.

4. 위험 감수

불확실성 속에서도 이스라엘 기업이나 사람들은 실패를 두려워하지 않는다. 대신 목표를 이룰 수 있는 지혜와 최선의 전략을 만들어 도전한다.

5. 목표 지향

수천 년 동안 생존하면서 생긴 기질과도 같다. 열악한 환경에서도 새로운 목표를 수립하고 지혜와 전략을 짜고 그것을 철저히 실행해 원하는 것을 얻는다.

6. 끈질김

일단 목표를 설정하면 집요하고 끈질기게 파고든다. 이런 인내심은 척박한 모래사막 위에 세워진 그들의 국토에 어디서든 식물이 자라는 기적을 일궈냈다.

7. 실패 학습

실패로부터 배우는 교훈과 경험을 소중히 여긴다. 두려워하지 않고 과감하게 도전해 최선을 다했다면 설령 실패하더라도 괜찮다는 생각, 그것을 통해 얻은 교훈과 경험이 있다면 다시 도전하는 일은 아무것도 아니다.

후츠파 정신의 요소 중 개인적으로 마지막 조건을 가장 좋아한다. 실패해도 괜찮다는 의식, 그런 의미로 본다면 세상에 바보 같은 질문이란 존재하지 않을 것이다. 유대인은 아니지만 두 딸아이를 기르는 동안 나는 유대인 부모의 관점을 닮아가고자 했다. 유대인의 부모는 성적보다는 과정을 중시하며 공부를 강요하지 않는다. 선생님이 가르쳐주는 내용을 잘 듣고 따라 하는 아이가 아니라 호기심을 당당하게 표출하는 아이로 자라도록 유도한다. 그래서 유대인 아이들은 학교에서 선생님에게 다양한 질문을 하고 집에 오면 부모님과 쉴 새 없이 대화를 나눈다. 부모는 이 과정에서 아이의 생각과 행동을 관찰했다가 내 아이의 재능과

개성을 미리 짐작한다.

아이에게 뚜렷한 목표를 정하라 권하면서 남을 이기라 하지 않고 남과 다른 사람이 되라고 가르치는 부모, 아이와 함께할 수 있는 절대 시간을 늘 확보하려 애쓰는 부모. 이런 모습들은 내가 엄마로 자라는 동안 조급할 필요가 전혀 없음을 누누이 깨닫게 했다. 요즘 부모들도 예전의 나처럼 자주 혼란을 겪을 것이다. 하지만 나는 이제야 아이의 창의력을 끌어내기에 가장 필요한 게 무엇인지 알 것 같다. 부모에게도 아이에게도 결국 '여유'가 필요하다. 일상을 나누고 싶을 때, 어떤 사건이 왜 일어났는지 경위를 물을 때, 함께 읽은 책에 대한 아이의 느낌이 궁금할 때… 우리는 언제든 아이의 느린 대답을 기다려줄 수 있어야 한다. 미리 추측하지 말고 단정도 짓지 말고.

창의력, 사고력이 쑥쑥 자라는 시간

학생들과 인문 고전 수업을 시작할 때 항상 묻는 질문이 있다. 예를 들면 한 손에는 850쪽이 넘는 분량의 《제인 에어》 완역본을 들고 "이 책이 무엇이죠?" 하고 묻는다. 그러면 학생들은 "제인 에어요"라고 큰소리로 답한다. 이번에는 200쪽 분량의 축약된 번역본을 들고 똑같이 질문한다. 돌아오는 대답 역시 같다.

"그럼 이 두 책의 차이점은 뭘까요?"라는 생각거리를 던진 후 나는 수업을 시작한다. 이 책의 저자인 샬롯 브론테의 의지와 상관없이 편집자의 판단에 의해 어느 부분은 빠지고 어느 부분은 살리는 식으로 편집돼 원래 분량의 반의반 정도로 축약된 책을 읽지 말아야 한다는 것은 아니지만, 축약본만 읽고 제인 에어를 다 이해했다고 생각하면 안 된다는 말을 하려는 것이다.

학년에 따라 때로는 《피노키오》를 예로 들어 설명하기도 하는데, '거짓말하면 코가 길어지는 나무 인형, 피노키오'를 짧은 그림책으로만 읽고 작품에 담긴 철학을 다 알고 있다고 착각하면 안 된다는 것을 먼저 말해준다. 그러면 신기하게도 아이들은 아주 천천히, 조금씩 완역본을 읽어가며 두꺼운 책의 세계로 스스로 푹 빠져 들어갔다. 그 모습을 보는게 꽤 흐뭇한 경험이었다.

현대는 정보 통신 기술 사용이 활발한 고도의 산업 사회다. 스마트폰, 컴퓨터 게임 등 인터넷 환경에 쉽게 노출될 수 있어서인지 학생들의 독서 활동은 점차 감소 추세다. 독서 자체에 대한 흥미를 잃어가고 있음은 더 말할 것도 없다. 다행히 독서의 중요성을 인식하는 몇몇 학교는 필독 도서, 권장 도서 등 다양한 자료 목록을 학생들에게 제공하며 다독 학급, 다독자에게 시상을 하는 등 책을 많이 읽도록 독려하고 있다. 하지만 앞에서도 언급했듯이 최근 학생들의 대출 도서 순위는 만화나 판타지 등 흥미 위주의 책이 상위권을 차지한다. 이런 얕은 독서는 아무리 많은 책을 읽어도 창의력, 사고력 발달에 크게 도움을 주지 못한다. 그래서 책 내용을 물어보거나 어떤 점이 좋았냐고 물었을 때 제대로 답하는 아이들이 적다.

책을 많이 읽는 학생 그룹을 국제적으로 비교한 결과 독서 시간이 늘어날수록 한국 학생의 읽기 경쟁력이 OECD의 다른 회원국에 비해 떨어지는 것으로 나타났다. 한국 학생들의 독서 방식이 외형적으로는 화려하지만 내실이 없다는 의미다. 나는 아이들의 가치관이 형성되는 시기에 고전 독서를 병행하면 이런 문제들을 해결할 수 있으리라 믿고 있다. 즉 고전을 통해 아이들이 다소 추상적인 개념인 성찰과 지혜를 이해하도록 돕는 것이다.

우리는 흔히 '고전'이라 하면 오래된 책을 떠올린다. 하지만 이는 반만 맞는 이야기다. 나머지 반을 채우기 위한 요건은 많은 시대를 거치면서도 사람들에게 사랑받았는가 하는 부분이다. 가령 인터넷 서점에서 책을 주문하려고 검색했다가 '절판'과 '품절'이라는 표시를 본 적이 있을 것이다. '품절'은 지금 당장은 살 수 없지만 추가 인쇄가 완료되면 재구입이 가능하지만 '절판' 도서는 출판사에서 더는 인쇄하지 않기로 결정했다는 의미다. 출판사에서 '절판'을 택하는 이유는 무엇일까? 여러 가지 이유가 있겠지만 가장 큰 부분은 독자들에게 인기가 없기 때문일 것이다. 오래 되었지만 널리 사랑받지 못해 결국 절판된 도서, 물론 독자들이 알아봐주지 못했을 가능성도 있지만 이를 '고전'이라 말하기는 어렵다. 시간적, 가치적 기준으로 두루 살폈을 때 모든 면에서 높은 평가를 받은 책이 결국 현세까지 이어지며 '고전'으로 회자될 수 있는 것이다.

2차 세계대전 중 부상병이 급증하면서 치료약이 턱없이 부족해진 때가 있었다. 의사들은 약효가 전혀 없는 가짜 약을 처방하며 환자들에게 이를 '특효약'이라 속였다. 재미있는 것은 가짜 약을 먹은 환자들의 상태가 상당히 호전되었다는 사실이다. '특효약'을 먹었으니 좋아질 거라는 환자 스스로의 자기 암시 때문이었다. 약학 용어로는 이를 플라세보 효과Placebo Effect라고 한다.

인문 고전 독서를 대할 때도 이와 같은 자기 암시가 어느 정도 필요하다. '아인슈타인, 처칠, 에디슨과 같은 사고뭉치가 천재로 탈바꿈하게 된 계기는 분명 인문 고전 독서 때문이야. 책을 열심히 읽으면 내게도 놀라운 일이 일어날 거야' 하는 기대를 갖는 것이 중요하다. 그렇다고 고전 자료를 꼭 문학에서만 찾을 필요는 없다. 정치, 경제, 사회, 역사, 기술, 과학 등 다방면에 상당히 많은 자료가 현존한다. 독자층의 현 상황에 잘 맞는 내용을 택한다면 오히려 학습 이전에 학문 자체에 호기심을 끌어낼 수 있어 좋은 수단이 된다.

우리 아이, 배운 내용을 기억하고 있을까?

큰딸이 과외를 앞두고 한숨을 크게 내쉬었다. 초등학교 6학년 학생에게 수학을 가르치고 있는데 몇 번을 알려줘도 아이가 계속 이해를 못한다며 한탄했다. 분명히 가르쳐주고 숙제를 내줘도 다음에 만나면 몰라서 숙제를 못했다고 말한다는 것이다. 어떤 게 어려운지 물어보면 밑도 끝도 없이 "다 모르겠다"고 하니 너무 속이 상한다고 했다. 그때 스마트폰으로 학습 효율성 피라미드를 찾아서 딸에게 보여줬다.

선생님이 수학 문제를 풀어줄 때는 열심히 눈으로 따라가면서 고개를 끄덕였는데, 막상 나 혼자 앉아서 풀려고 하면 막혀서 손도 댈 수 없었던 기억, 또 내가 이 부분에서 모르겠다는 것을 설명하려다가도 어느 순간 '아!' 하며 스스로 깨달음을 얻었던 기억이 누구에게나 있을 것이다. 딸아이에게 그런 얘기를 하면서 오늘은 학생에게 선생님 역할을 시켜보라 권했다. 그러면 딸은 당연히 학생 역할을 맡게 되어 다른 지도 방법을 발견할 수 있으리라 기대하며.

그날 저녁 과외를 마치고 온 큰딸 표정은 한결 편안해 보였다. 아이는 놀이하듯 선생님 역할을 하면서 열심히 설명했고 큰딸은 학생 역할을 해내면서 일부러 아이에게 질문을 자주 던졌다고 했다. 수업을 마칠 때 학생이 "선생님이 저 가르치실 때 왜 그렇게 물을 자주 마셨는지 알겠어요"라고 말해서 폭소를 터트렸고 학생 어머님은 "오늘 수업은 평소보다 더 재미있었나 봐요?" 하면서 좋아했다고 한다.

　미국에서 학습 효율성에 대한 연구를 실시하고 그 결과치를 학습 효율성 피라미드로 제시했다. 학습 효율성 피라미드 모형은 특정 방법으로 공부한 지 24시간이 지났을 때 강의식으로 듣기만 한 것은 5%, 읽은 것은 10%, 시청각 수업 듣기는 20%, 시범 강의 보기는 30%, 집단 토의는 50%, 실제 해본 것은 75%, 서로 설명하는 방식으로 수업을 했을 때는 90%의 내용이 머릿속에 남는다는 것을 도표화한 것이다.

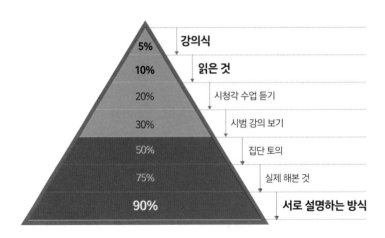

출처 | 국립행동과학연구소(National Training Laboratories, NTL)

　공부한 뒤 이제는 내용을 다 안다고 생각해도 막상 말로 표현하려면 막힐 때가 종종 있다. 그 이유는 잘 알지 못해서, 정확히 말하면 몰라서

다. 유대인의 격언 중에 '말로 설명할 수 없으면 모르는 것이다'라는 말이 있을 정도로 어떤 내용을 온전히 받아들이는 과정은 생각보다 복잡하다. 그러니 뭔가를 배우고 있다면 자신이 제대로 알고 있는 것과 안다고 착각하는 것을 명확히 분별해야 한다. 이것을 파악할 수 있는 가장 쉬운 방법은 앞서 소개한 대로 설명해보는 것이다.

그럼 어떻게 해야 설명을 잘할 수 있을까? 당연한 말이지만 '수박 겉핥기' 식으로 알면 충분히 설명할 수 없다. 온전히 그 개념을 이해하고 있어야만 내 언어로 표현할 수 있는 것이다. 이 설명 방식은 책 읽기에도 고스란히 적용된다.

"아이가 책을 다 읽었다고 하는데 물어보면 하나도 몰라요."

부모들은 아이가 책을 제대로 읽고 있는지 확인할 때 자주 망연자실한다. 아이의 설명이 너무도 불충분하기 때문이다. 부모들의 이런 걱정을 잠재우기 가장 좋은 방법이 나는 고전 독서라고 생각한다. 글밥을 늘이기 전에 고전으로 독서 사고법을 잡아주면 천천히 깊게 읽는 정독의 비결을 아이 스스로 깨닫게 된다. 미취학 아동기, 초등 저학년의 경우 글을 제대로 읽지 않아도 그림의 도움으로 책 내용을 파악할 수 있었지만 점점 삽화가 없는 책에도 적응을 해야 한다. 고전, 그중에서도 특히 동양 고전은 글밥이 적은 편이지만 내용을 이해하려면 대충 읽고 넘어갈 수 없는 구조다. 집중해서 천천히, 반복해서 읽을 수밖에 없기 때문에 당연히 오래 기억하게 되는 셈이다.

《명심보감》교우 편을 예로 들어보자. "길이 멀어야 말의 힘을 알 수 있고, 세월이 흘러야 사람의 마음을 알 수 있다." 이 문장이 어떤 뜻인지 정확히 해석하는 연습을 아이와 함께한다고 가정하자. 어떤 아이는 저 문장을 읽고 즉시 무슨 뜻인지 이해할 수 있다. 반면 다른 아이는 언뜻 알겠지만 정확히 모르겠어서 찬찬히 문장을 다시 곱씹으며 받아들인다. 너무 조급해할 필요는 없다. 초등 3, 4학년 정도 아이들은 대부분 문장을 두세 번 읽으면 '아, 그렇네!' 하며 무릎을 탁 치는 깨달음을 얻는다.

'길이 멀어야 말의 힘을 알 수 있고' 부분에서 말이란 어떤 의미일까? 사람 간에 주고받는 말을 먼저 떠올리면 이 문장은 썩 이해되지 않는다. 한 번 더 읽으면서 말이 지칭하는 의미를 제대로 파악해야만 먼 곳에 갈 때 타는 말, 즉 말의 기량에 대해 묻고 있음을 깨달을 수 있다. 말이 가진 힘에 따라 달릴 수 있는 거리가 달라지듯이 사람 마음도 마찬가지다. 함께 오랫동안 지내봐야 그 사람의 진면목을 알 수 있다.

《명심보감》교우 편을 아이들과 함께 읽으며 토론하다 보면 저마다 할 이야기가 많다. 특히 '교실'이라는 공간은 작은 사회와 같아서 아이들은 학기 초 교실로 들어선 순간 누구나 친해지고 싶은 친구, 멀리하고 싶은 친구가 생기기 마련이다. 그런데 학년 말이 되면 그 대상이 많이 달라진다. 이런 특성 때문인지 아이들에게 교우 편은 전혀 낯설지 않은 이야기다. 나이가 어려도 당연히 생각해볼 수 있는 고전적 주제인 셈이다.

이처럼 성공적인 인문 고전 독서를 위해서는 선생님과 학생, 가정 세

꼭지가 동일한 목표와 동일한 믿음을 가지고 독서에 참여해야 한다. 공교육 현장, 즉 모든 학교에서 이 역할을 감당해주면 더할 나위 없이 좋겠지만 아직까지 고전 교육에 무게를 둔 초등학교가 많지 않은 실정이다. 그나마 다양한 시도를 할 수 있는 각지 국공립 도서관이 먼저 이 교육의 필요성을 인식하고 앞장서기를 바라고 있다.

분량이 짧고 끊어 읽기 좋은 동양 고전에 집중

여기까지 고전 독서의 필요성과 중요성을 들으며 마음이 동했다면 다음은 적절한 책을 선택하는 것이다. 이것 역시 정답은 없지만 개인적인 견해로 나는 동양 고전 몇 권을 추천하고 싶다. 동양 고전을 우선시하는 가장 큰 이유는 동양 사상이 반영되어 대부분 개인의 인성을 돌아보기 좋은 내용들을 담고 있기 때문이다. 경쟁과 순위 외에 다른 것들을 돌아보기 힘든 것이 우리나라 교육 현실이지만 나는 그럴 때일수록 성품을 같이 챙길 수 있는 교육 방침이 시급하다고 본다.

인성 교육은 입시 위주 주입식 교육의 한계를 극복할 수 있는 훌륭한 대안이다. 또한 학문과 교육이 가진 본질적 기능을 회복하기 위한 최소한의 노력이다. 실제로 우리나라 학생들의 성적은 다수 국제 학력 평가에서 수년간 상위를 차지했지만 인성, 사회성, 협동 능력, 학생 개개인의 행복 및 삶 만족도는 늘 OECD 국가 중 최하위를 기록한다. 학생들의 만족도가 낙제 수준인 가장 큰 이유는 학업과 장래에 대한 높은 부담감 때문이라고 한다. 학생들의 응답 중 무엇을 하든 최고가 되고 싶다(80%), 반에서 가장 잘하고 싶다(82%)와 같은 답변이 안쓰러움을 더한다. OECD 조사에서 같은 응답을 체크한 평균이 65%, 59%인 것과 비교하면 엄청난 차이다.

참고로 서울특별시 교육청 초등학교 인성 교육 목표는 일상생활과 학습에 필요한 기본 습관, 기초 능력을 기르는 데 일조하는 것이다. 아이들이 바른 인성을 함양할 수 있도록 사회가 이바지하자는 의미를 내포한다. 세부 목표는 경청과 공감을 바탕으로 한 의사소통 역량 기르기, 주변 갈등 상황에서 평화적 해결 방안을 찾고 실천하는 능력 기르기, 타인을 존중하고 배려하는 등 더불어 살아가기 위한 공동체 역량 기르기로 세분화할 수 있다. 인성 교육과 고전 교육은 삶의 의미 및 가치 발견, 자아 발견, 자신과 관계하는 사회와 세계 이해하기 등을 목표로 한다는 점에서 그 토대가 같다. 고전 역시 인간의 삶과 역사, 문화, 가치를 다루고 있으며 교육 목표 또한 '인간성의 고양'에 두기 때문이다. 특별히 동양 고전은 유교 및 불교의 영향으로 도덕 관련 내용을 많이 포함한다. 세계인에게 읽히는 대표 동양 고전 《논어》만 해도 배움의 즐거움, 바르게 사는 법, 근면하고 청빈한 삶의 자세 등을 제시하고 있다.

내가 동양 고전을 중시하는 또 다른 이유는 내용의 적합성 때문이다.

흔히 어른들은 동양 고전에 대해 한문이 많아서 아이들이 이해하기 어렵다, 성인이 깨달은 관념을 설명하고 있어서 지루할 것이다 등 편견을 가지고 있다. 그러나 막상 내용을 살펴보면 그렇지 않음을 쉽게 깨닫는다. 공자가 주장한 유교 이념, 인ᄃ을 주제로 하는《논어》역시 마찬가지다. 남을 사랑하고 어질게 행동하는 인을 주제로 여러 편의 글을 실은 이 책은 공자가 제자들에게 강의한 내용을 정리한 것이다. 문답 형태로 되어 있으며 해석이 어려운 부분은 전문가의 주석이 달려 있어서 이해 못할 만큼 장벽이 있지는 않다.《명심보감》은 또 어떤가. 몸가짐을 바르게 하는 법, 부모에 대한 효, 말조심하기, 친구 사귀기의 중요성, 배움에 힘쓰는 자세, 검소함 등 부모가 아이에게 말로만 가르치기 역부족인 주제를 총망라한다.

가정폭력, 학교폭력에 노출된 아이들이 해마다 늘고 있다. 아이들의 인권을 제대로 보호할 수 없는 사각지대는 늘어나는데 예절과 효를 깊이 가르칠 방법이나 루트는 사라지고 있다. 친구 간의 애정과 우정, 부모와의 올바른 관계 등 삶에서 중요한 가치를 상기하는 일이 매우 중요함에도 이를 자극하고 익힐 방도가 점점 묘연해지는 것이다. 공부를 대하는 마음가짐도 마찬가지다. 교육도 과열 경쟁의 일환이다 보니 아이들은 공부 자체를 어려워하고 거부감을 갖는다. 학문을 대하는 긍정적인 마음, 인내의 가치 등을 전하고 싶을 때 우리는 동양 고전에서 답을 얻을 수 있다. 동양 고전이 아이들 눈높이에서 생각할 수 있는 가치와 내용을 다루고 있기 때문이다.

마지막으로 가장 큰 강점은 분량이다. 보통 초등 고학년이 되면 다독기多讀期가 찾아오는데 그 전 단계인 초등 3, 4학년(초보 독서기) 때 분량이 짧고 끊어 읽기 좋게 구성된 동양 고전을 읽으며 사고하는 능력을 잘 다져놓으면 다독기와 성숙 독서기를 잘 통과할 수 있다. 서양 고전과 비교하자면 그 장점이 도드라진다. 집중력이 충분히 길러지지 않은 아이들은 소설조차 끝까지 읽지 못하고 포기하는 경우가 더러 있다. 하지만 동양 고전은 줄거리가 끝까지 이어지는 것도 아니라서 어느 정도 시간 간격을 둔 뒤에 읽어도 흐름이 깨지지 않는다. 끊어 읽기와 더불어 반복해서 읽기에도 안성맞춤이다. 글밥이 많은 편이 아니라서 읽고 생각하며 다시 읽는 과정을 통해 정독의 즐거움을 깨달을 수 있다.

부담 없이 시작하는
초등 고전 읽기

처음 고전 읽기에 관심을 가지고 공부를 시작하려 할 때 솔직히 어떤 책을 먼저 읽어야 할지 혼란스러웠다. 시카고대학 고전 100권 목록, 세인트존스대학 고전 100권 목록, 이지성 작가의 《리딩으로 리드하라》에서 추천한 연차별 도서 목록을 두고 고민했던 기억이 난다. 하지만 고전을 섭렵하고 싶은 마음과 달리 그 목록 앞에서 괜히 주눅이 들었던 것도 사실이다.

그 무렵 서울 동산초등학교 교사이면서 전교생과 고전 읽기 프로젝트를 실천한 송재환 선생님의 《초등 고전 읽기 혁명》을 읽게 됐다. 초등학교 도서관 사서로 재직 중이었던 나는 이 책에서 소개한 고전 읽기 프로젝트를 우리 학교에 적용하고 싶었다. 개인적으로 고전 읽기의 동기도 확실한 편이었지만 학교 아이들과 함께 읽을 수 있는 고전이라면 접근하기도 어렵지 않을 것 같아 마음이 놓였다. 평소 고전 읽기에 관심이 많던 교장 선생님이 긍정적으로 생각해주신 것도 다행이었다. 이렇게 학교 단위의 소소한 고전 읽기 프로젝트가 시작되었다. 우선 분량에 치중하지 말고 한 권의 책을 깊이 있게 읽자는 생각으로 학년별로 한 학기에 한 권씩 필독 고전 도서를 선정했다. 3학년은 《사자소학》, 4학년은 《소학》, 5학년은 《명심보감》, 6학년은 《논어》와 같은 동양 고전을 선정해 매일 아침 20분 정도 고전 읽기와 필사를 진행했다. 이것이 옛 성인들의 지혜를 배우는 인문 고전 독서의 시작이었다.

고전 읽기 프로젝트를 위해 책을 고를 때는 원전原典에 가까운지 아닌지를 가장 신경 썼다. 그래서 축약본이 아닌 완역본이 주를 이뤘고 '어린이를 위한' 혹은 '쉽게 풀어 쓴' 등과 같은 수식어를 단 책은 되도록 피했다. 전문 한학자나 전문 번역가가 옮긴 글에는 편집자의 해석이 적을 것이라 판단했기 때문이다. 하지만 이것 역시 개인적인 견해라는 점을 밝히고 싶다. 아이에게 가장 잘 맞을 것이라 판단되는 고전 작품을 찾았다면 그것으로 족하다.

고전 읽기 프로젝트에서 정한 나름의 원칙은 간단했다. 세 가지 목표는 아이와 함께 읽기, 천천히 읽기, 깊이 읽기. 고전 읽기는 초등 아이들을 대상으로 하는 만큼 도서 목록에 고심하기보다 같은 책을 여러 번 읽어 마음으로 내용을 받아들이도록 하는 데 중점을 뒀다. 고전마다 분량은 다르지만 평균 한 학기를 20주 내외로 생각하면 보통 일주일에 고전 1편을 읽을 수 있다.

막상 읽기 시작하면 누구나 알 수 있지만 하루에 고전 1편을 읽는 것은 시간적으로도 전혀 무리가 없다. 그런데 다음 날 같은 본문을 반복해서 소리 내 읽고 필사하고 짱 좋았던 구절(일명 짱구 노트)과 그 이유를 적으며 소가 되새김질하듯 내용을 소화하면 매일 아침 고전을 읽는 20분의 시간이 알찬 결과를 낸다. 또한 일주일에 한 번 각자가 적은 짱구 노트 구절을 발표하며 다른 친구들이 어떤 구절을 마음에 새겼는지 나눌 시간을 마련했다. 그 과정을 통해 자신의 생각을 설명하는 힘을 배울 터였다.

한마디로 고전 읽기 독후 활동은 준비가 덜 된 아이들에게는 부담 없이 독서에 참여할 수 있는 기회였고 충분히 준비가 된 아이들에게는 더 오래 기억할 수 있는 토대를 마련해줬다. 필수 고전 한 권 말고도 학급별 지정 고전 도서도 준비했다. 이는 아이들 손 닿는 곳에 항상 고전이 있도록 마련한 장치였다. 3·4학년은 《재미있다! 우리 고전》(전20권) 세트와 《그리스 로마 신화》를, 5·6학년은 세계 명작 완역본 40권을 각 교실 학급 문고로 넣어줬다. 학급 문고로 배부한 책들은 필수 고전이 아니었기에 희망하는 학생들이 자유롭게 읽을 수 있었다.

인문 고전 독서 교육을 실시 할 때는 고전을 읽기 전, 읽는 도중, 다 읽은 후 세 단계 과정에서 골고루 전략을 활용해야 한다. 독서를 통해 새로 학습할 내용 자체가 아이들에게 낯설고 익숙하지 않을 우려가 있기 때문에 읽기 전 소개부터 중요하게 다뤄야 하는 것이다. 또한 글을 읽는 동안에는 집중력을 유지하도록 도와야 내용 파악에 어려움을 겪지 않는다. 그래서 함께 읽는 아이들이 다수인 학급에서는 게임을 활용하거나 무작위로 학급 번호를 호명하는 등 다양한 방법을 활용한다. 만약 가정에서 아이와 함께 책을 읽어야 한다면 단순히 읽는 데서 그치지 않고 중간 중간 어떤 생각이 들었고 어느 부분에서 깨달음을 얻었는지 등을 공감하며 읽도록 하자.

고전 독서, 그중 동양 고전의 매력은 뭐니 뭐니 해도 이슬비에 옷이 젖듯이 서서히 그 즐거움에 빠진다는 것이다. 부모는 이 모습을 뿌듯하게 지켜볼 수 있다. 또 한 가지 장점은 한 번에 읽는 분량이 많지 않아도 고전 독서의 묘미를 맛본 아이는 웬만한 책 읽기에 두려움을 느끼지 않게 된다. 어떤 책에서도 깨달음을 얻을 수 있다는 희망은 타인의 말에 경청하는 자세를 만들어주기도 하는데 실제로 초등학교 사서로 근무할 때 가까이에서 아이들을 지켜보며 체감한 것이기도 하다.

다만 고전 독서의 절대적인 양이 중요한 것은 아님을 다시 한 번 강조하고 싶다. 다독기에 접어들기 이전에는 같은 책을 여러 번 읽는 것이 오히려 독서 습관에 더 좋은 영향을 준다. 처음에는 잘 이해되지 않던 부분이 두 번째 읽을 때 저절로 풀리면서 신기해하는 모습도 자주 목격할 수 있다. 아이들의 예는 아니지만 《논어》를 1천 번 넘게 읽은 것으로 화제가 된 경영인도 있다. 《논어 경영학》을 쓴 민경조 전 코오롱 그룹 부회장이다. 그는 재벌가 출신이 아니라 말단 직원으로 입사해 CEO가 되기까지 40년 넘게 회사 생활을 한 비즈니스맨이다. 공자의 지혜를 경영에 활용하기 위해 《논어》를 여러 번 읽은 인물로 알려졌는데 그래서인지 그는 리더 개인의 힘보다 조직의 힘을 더 중요하게 생각했다. 조직의 능력을 향상하기 위해 늘 애썼고 경영 위기를 맞닥뜨려도 근본으로 돌아가 답을 찾으려 했다.

이처럼 고전 중의 고전으로 검증된 책 한 권을 여러 번 읽는 과정이 아이의 사고에 날개를 달아줄 것이다. 그래서 따라 하기 쉬운, 도전하기 쉬운 것에 초점을 맞추어 내가 실제로 아이들과 함께했던 고전 도서 목록을 몇 권 추천하고자 한다. 아이들 학년을 참고로 적어두기는 했지만 사실 이 분류가 절대적이지는 않다. 실제로 추천 도서 리스트에 5학년으로 적어둔 《명심보감》은 우리 도서관 초등학생 4학년과 함께 읽는 책이다. 내용이 어려울까 걱정했지만 지난해 마지막 모임에서 아이들과 소감을 나눠 보니 그것은 기우에 불과했다.

초등학교 3학년 아이들이 '아침 고전 독서 20분' 프로젝트에 참여하고 있다.

	3학년	4학년	5학년	6학년
1학기	《어린이 사자소학》 엄지원 옮김 한국독서지도회 펴냄	《소학》 주희, 유청지 지음 윤호창 옮김 홍익 펴냄	《명심보감》 추적 엮음 백선혜 옮김 홍익 펴냄	《논어》 공자 지음 김형찬 옮김 현암사 펴냄
2학기	《어린이 동몽선습》 김영이 옮김 한국독서지도회 펴냄	《채근담》 홍자성 지음 김성중 옮김 홍익 펴냄	《정선 목민심서》 정약용 지음 다산연구회 옮김 창비 펴냄	《격몽요결》 이이 지음 이민수 옮김 을유문화사 펴냄
	《재미있다! 우리 고전》 전20권 (창비 펴냄) 《처음으로 만나는 그리스 로마 신화》 전5권 (녹색지팡이 펴냄)		네버랜드 클래식 전40권 (시공주니어 펴냄) 비룡소 클래식 전50권 (비룡소 펴냄)	

초등 3학년을 위한 고전

━━━━━

《어린이 사자소학》 | 엄기원 엮음 | 한국독서지도회

《낭송 사자소학》 | 김고은, 이수민 옮김 | 북드라망

《어린이 동몽선습》 | 김영이 엮음 | 한국독서지도회

사자소학四字小學은 옛 서당에서 어린 아이들이 천자문千字文과 더불어 교과서처럼 읽고 배우던 책이다. 쉽게 말해 조선시대 필수 교재였던 셈이다. '천자문' 하면 어린 학동들이 서당에서 몸을 흔들며 "하늘 천天 땅 지地, 검을 현玄, 누를 황黃, 집 우宇, 집 주宙, 넓을 홍洪, 거칠 황荒~" 노래하듯 읊는 모습이 먼저 떠오를 것이다.

사자소학도 천자문처럼 4개의 한자가 하나의 문장을 이루기 때문에 기본적으로 음률이 있다. 그 말은 낭송하기에 적합한 책이라는 의미이기도 하다. 대인관계, 예의범절 등 사람이 지켜야 할 다섯 가지 도리를 기초로 다루는 이 책의 가장 큰 주제는 효孝라고 볼 수 있다. 효행, 형제, 사제, 붕우, 수신 등의 내용을 읽으며 주변의 관계를 돌아볼 수 있어서 막 또래 집단에 대해 배워가는 초등학생 눈높이에 잘 맞는 고전이다.

천자문을 제일 먼저 배웠던 선조들의 교육에 비춰보면 '이게 가장 쉬운가보다'라고 생각할 수 있다. 그러나 문자 언어의 기초가 '한글'이 된 요즘 아이들에게 다른 모양과 의미를 가진 천 개의 한자는 다소 어렵게

느껴질 수 있다. 반면 사자소학의 경우 중복 사용되는 한자가 많으므로 한자 자체에 대한 거부감을 없애기에 좋고 쉬운 한자 위주라서 한결 만만하게 다가온다.

《어린이 사자소학》 (한국독서지도회 펴냄)

아이들에게 읽힐 고전 책을 고를 때 '어린이'라는 단어가 붙은 고전은 일부러 배제하려고 했다. 쉽게 풀어 쓴다는 명목으로 원전의 내용을 지나치게 훼손한다는 편견이 강했기 때문이다. 그런데 한국독서지도회에서 펴낸 이 도서는 개인적인 견해로 봤을 때 큰 훼손 없이 원전에 가깝게 옮겨놓았다. 낭송하기 좋으며 챕터 중간 중간 재미있는 옛 이야기가 수록되어 있어서 고전 읽기에 첫발을 내딛은 아이들에게 추천할 만하다.

《낭송 사자소학》 (북드라망 펴냄)

《낭송 사자소학》은 옛 서당 학동들이 입으로 소리 내 읽고 몸으로 체득한 고전을 현대 아이들도 재미있게 따라 낭송할 수 있도록 원문을 옮긴 책이다. 기존에 출간된 여러 편의 《사자소학》과 달리 나로 시작해 점차 사회적 관계로 틀을 확장해 나아간다. '나'를 중심으로 사고하는 게 익숙한 요즘 아이들이 읽으면 자기 존재의 시작, 관계 속에서의 자신, 그 위치와 역할에 대해 여러 각도로 생각해볼 수 있다. 역자가 그런 숨은 의도를 갖고 편집 순서를 달리해달라 요청한 결과란다. 그 외에도 역자들의 고민이 많이 느껴지는 책이다. 너무 쉽게 풀어 쓰면 어휘력을 키우는 데 도움이 안 될까 우려한 역자들은 원문을 해석할 때 단어 사용에 각별히 주의했다고 알려졌다.

《어린이 동몽선습》 (한국독서지도회 펴냄)

조선시대 처음 학문을 배우는 아이들은 천자문 다음으로 동몽선습童蒙先習을 읽으며 인간의 근본을 배운 뒤 소학으로 넘어갔다. 유학의 핵심 윤리인 오륜五倫(부자유친·군신유의·부부유별·장유유서·붕우유신을 의미한다)과 그 중요성을 자세히 설명하고 있는 이 책은 크게 중국과 한국 역사를 서술하는 부분으로 나뉜다. 본문은 음과 뜻을 달아 놓은 한자로 되어 있어서 한자 공부를 덤으로 할 수 있고 각 편마다 재미있는 이야기 자료, '생각해보기' 페이지 등이 수록되어 있어 우리나라 전통과 도덕을 배울 수 있다.

큰 틀은 오륜편, 총론편, 중국사, 한국사 구성이다. 오륜편은 자식이 갖추어야 할 도리, 임금과 신하의 도리, 남편과 아내의 도리, 손윗사람의 태도, 피를 나눈 형제간의 도리 등 다섯 가지를 다루고 있으며 마지막으로 유익한 벗과 해로운 벗에 대해서도 이야기한다. 총론편에서는 모든 행실의 근본인 효, 효자와 불효자, 학문의 길을 다뤘고 그 뒤로 중국사와 한국사를 순서대로 실었다.

《재미있다! 우리 고전》(창비 펴냄)

사자소학이나 동몽선습이 주식이라면《재미있다! 우리 고전》시리즈
는 간식 느낌으로 심심할 때 가볍게 골라서 읽을 수 있는 전집이다. 원
문에 충실하면서도 아이들이 쉽고 재미있게 읽을 수 있도록 구성했으며
작품의 이해를 돕는 해설도 충실히 실려 있다.

작품 선정과 집필 과정에 고전 문학을 전공한 전문가들이 협력한 점
도 신뢰를 더한다. 그만큼 문학적 의의, 역사적 의미 등이 깊은 작품들
이 주를 이룬다. 교과서에 실린 작품, 조선시대 한문 단편, 궁정 문학,
군담 소설, 추가로 소개할 만한 고전 작품 등 비교적 균형 있는 선별도
눈에 띈다. 책 두께는 120쪽 내외로 얇은 편이고 낱권 구매도 가능하다.
총 5년에 걸쳐 한 권씩, 한 권씩 출간되어 현재 전체 20권으로 완성되었
다. 목록은 다음과 같다.

> 토끼전, 심청전, 홍길동전, 박씨 부인전, 장화홍련전, 북경 거지,
> 도깨비 손님, 옹고집전, 흥보전, 양반전 외, 조웅전, 춘향전, 전우
> 치전, 금방울전, 최고운전, 사씨남정기, 계축일기, 박문수전, 임
> 진록, 최척전

초등 4학년을 위한 고전

《소학》 | 주희, 유청지 엮음 | 윤호창 옮김 | 홍익

소학小學은 송나라 시대(송대) 학자 주희가 어려운 예학이나 범절 등을 쉽게 전달하고자 제자 유청지와 함께 기획하고 편집한 책이다. 송대 초기 명문 귀족들 사이에서 가훈家訓(대대로 이어지는 집안의 가르침)이나 동훈몽童蒙訓(어린이들에게 교훈을 주는 것) 같은 아동 교육서가 널리 유행하자 체계적인 아동 교재의 필요성을 느낀 주희와 제자 유청지가 시대적 요구에 부응해 만들었다고 알려졌다. 그래서 번역서마다 어떤 책은 작가를 주희로, 어떤 책은 유청지로 소개한다. 하지만 소학小學은 절대 저자 한 명이 독립적으로 저술하지 않았다. 스승인 주희가 전체적인 책의 방향, 난이도, 참고서적 등을 기획해 제안했고 유청지가 실질적인 편집 작업을 했다고 봐야 맞다.

소학은 크게 소학서제(소학을 편찬한 이유), 소학제사(저자 주희의 교육에 대한 입장 소개), 본문으로 나눈다. 본문은 다시 내편 4권(214장)과 외편 2권(172장)으로 나뉘는데 각 편의 모든 글은 기존 문헌에서 인용한 것이다. 내편 중 76%는 《논어》《맹자》《예기》에서 인용했으며 외편은 64%가 송대 사대부의 행실을 모범 사례로 들고 있다. 출판사 홍익에서 펴낸 《소학》의 구성은 다음과 같다.

내편

1. 교육의 길(13장): 태교, 가정교육 등 교육 기본 방침을 중심으로 서술

2. 인간의 길(108장): 부모와 자식의 관계, 임금과 신하의 관계, 남편과 아내의 관계, 어른과 아이의 관계, 벗과의 관계까지 오륜으로 분류

3. 수양의 길(46장): 마음가짐에 관해, 몸가짐에 관해, 옷차림에 관해, 음식에 관해 서술

4. 고대의 도(47장): 교육의 길을 밝힌다, 인간의 길을 밝힌다, 수양의 길을 밝힌다, 전체 내용 총괄

외편

5. 아름다운 말(91장): '교육의 길'의 뜻을 넓힌다, '인간의 길'의 뜻을 넓힌다, '수양의 길'의 뜻을 넓힌다

6. 착한 행동(81장): '교육의 길'을 실증한다, '인간의 길'을 실증한다, '수양의 길'을 실증한다

소학을 읽다 보면 지금 생활과 맞지 않는 부분이 제법 있어서 요즘 아이들이 이 책을 읽는 것이 과연 옳은가 하는 의문이 들지도 모른다. 이전에는 소학을 6~10세 내외 아이들에게 가르쳤다고 하는데 아무리 내

용이 고리타분하게 느껴진다 해도 조선시대 어린 학동들이 이 내용을 배우며 몸으로 익혔다는 사실을 생각하면 조금이나마 정을 붙일 수 있다. 무엇보다 '요즘 아이들은 귀하게 커서 버릇이 없다'는 말이 공공연한 만큼 예의를 중시한다면 한 번쯤 읽어보길 권한다.

버릇의 사전적 의미는 '오랫동안 자꾸 반복해서 몸에 익은 행동' 혹은 '윗사람을 대할 때 지켜야 할 예의'이다. 그렇다면 나는 다시 한 번 물어보고 싶다. 내 아이가 무의식중에도 공경이 깃든 행동을 할 정도로 예를 가르친 적이 있는가? 만약 그렇지 않다면 소학은 좋은 교육 자료가 된다. 소학을 읽으면 대부분 자신의 행동을 돌아보며 반성하기 때문이다. 자녀에게 제대로 예의를 가르칠 필요를 느끼는 부모에게 나는 주저 없이 소학을 권하고 싶다. 특히 2권 '인간의 길'에는 오륜이 등장하는데 그중 부모와 자식의 관계를 눈여겨보자. 아침 문안 인사, 이른 아침에 해야 할 일, 잠자리와 식사 봉양, 부모 앞에서의 금기, 밖에서 돌아왔을 때 행동지침 등 부모와 자식 사이에 평소 잔소리라 느낄 만한 이야기가 가득 적혀 있다.

요즘은 아이가 아니라 부모가 먼저 아침 인사를 하는 경우가 흔하다. 아이를 깨우면서 "잘잤어?" 하는 식이다. 아이들의 일과가 학원이다 뭐다 해서 바빠졌기 때문에 편의를 봐주는 것이다. 하지만 자녀가 더 자라서 성인이 되면 어떤가? 대학에 가고 직장에 가면 아이는 더욱 바빠진다. 대학에 가서는 친구들과 노느라 귀가가 늦어지고 취업 준비로 얼굴

보기도 힘들어진다. 취업을 하거나 독립하면 더더욱 거리감이 생긴다. 그만큼 문안 인사는 시간이 지날수록 일상에서 멀어진다.

소학은 요즘 사람들이 소위 '꼰대'라고 느낄 정도로 강력한 잔소리를 포함하는 고전이다. 조선시대 예법을 다루고 있으니 당연할 수밖에 없지만 부모가 해야 할 잔소리를 대신 전해주고 있다는 점은 분명하다. 독자에게 큰 깨달음을 주지 못하더라도 읽는 의미가 있는 이유는 이것도 하나의 역사이기 때문이다. 최소한 '조선시대에는 아침에 일어나 부모님께 문안 인사를 올렸구나, 그것이 부모를 공경하고 예를 다하는 모습이었구나'라고 기억할 수는 있다. 요즘 시대 어른들은 어쩌면 자녀에게 예의 자체를 알려주지 않으면서 버릇이 없다고 비난하고 있는 것인지도 모른다.

《채근담》| 홍자성 지음 | 김성중 옮김 | 홍익
《채근담》| 홍자성 지음 | 김원중 옮김 | 휴머니스트

채근담菜根譚은 인생에 대한 깊은 성찰과 지혜를 다루고 있어서 동양의 '탈무드'라고도 부른다. 지금은 고인이 된 기업인 정주영 회장도 경북 고령군 소재 고령교 복구공사에 실패해 파산 위기에 몰렸을 적 지혜를 얻기 위해《채근담》을 찾아 읽었다.

이 책은 전집과 후집으로 구성되어 있으며 전집에서는 주로 사람들과

의 교류와 현실에 집착하지 않는 마음가짐에 대해서, 후집에서는 자연을 벗하여 사는 즐거움에 대해 이야기한다. 이 어록집이 왜 '채근담'인지를 이해하려면 중국 송대 유학자인 왕신민이 남긴 말을 먼저 알아야 한다. 그는 '항상 나물 뿌리를 먹는 가난한 생활을 견뎌낼 수 있는 사람이라면 무슨 일도 할 수 있을 것이다'라는 말을 했는데 명나라 시대(명대) 홍자성이 이 말에 영감을 얻어 나물 채菜, 뿌리 근根, 이야기 담譚을 사용해 '채근담'이라 제목을 붙인 것이다. 왕신민이 남긴 말은 송대 성리학 대가인 주희의 저서 《소학》 말미 착한 행동(선행) 편에도 기록되어 있다.

처음 아이들과 인문 고전 독서 수업을 진행할 때는 한문학자 김성중 교수가 번역한 《채근담》(홍익)을 택했는데 최근 출간된 중문학자 김원중 교수의 번역본 《채근담》(휴머니스트)과 비교한 뒤 골라도 무방할 듯하다. 아무래도 두께가 있는 책이니 아이가 직접 선택하게 하는 편을 추천한다.

출판사 홍익에서 펴낸 채근담은 전집 223편과 후집 135편으로 구성되어 있으며 각 장마다 어렵거나 해설이 필요한 부분에 각주를 달았다. 그리고 뒷부분에 한문 원전을 수록했다. 휴머니스트 채근담은 전집 225편과 후집 134편, 참고문헌, 찾아보기로 구성했다. 원하는 단어가 들어 있는 모든 구절을 찾아볼 수 있는 점이 편리하다. 각 편에 김원중 교수가 단 소제목과 간단한 해설이 실렸고 본문 유래와 출전을 각주로 표기했다. 소제목을 통해 본문 내용을 쉽게 유추할 수 있다는 점이 장점이며 그래서 필요한 내용을 발췌해서 읽기도 좋다.

두 책의 총 편수가 약간 다르지만 거의 1년 365일과 맞아 떨어지기 때문에 채근담은 1년을 목표로 잡고 하루 1편씩 깊이 음미하며 읽기를 추천한다. 또한 반드시 차례대로 읽어야 하는 내용이 아니기에 그날그날 끌리는 페이지를 펼쳐서 반복해서 읽은 뒤 독서 날짜와 짧은 소감을 메모해두는 방식을 추천한다. 만약 연달아 한 권을 완독하고 싶다면 하루에 3편씩 4개월 혹은 4편씩 3개월 정도 기간을 정해 읽어 나가도록 하자.

《처음으로 만나는 그리스 로마 신화》 (녹색지팡이 펴냄)

그리스 로마 신화는 문학, 미술, 건축 등에 지대한 영향을 미친 서양 고전이다. 그렇기에 이 신화를 잘 알고 있으면 서양 문화를 이해하는 데 도움이 된다. 출판사 녹색지팡이에서 펴낸 이 책은 전5권으로 구성되어 있다. 그림 위주의 역사책에서 곧장 글로 빼곡한 완역본으로 넘어가기 부담스러울 때 혹은 그리스 로마 신화를 아예 처음 접할 때 적당한 도서로 나는 이 시리즈를 추천하곤 한다.

사실 그리스 로마 신화는 이름도 어려운 수많은 신과 영웅들이 등장해 나중에는 헷갈리는 상황이 생기기도 한다. 그런데 이 책은 만화가 이현세 교수의 그림이 적절히 들어가 있어서 내용이 쉽고 친근하게 다가온다. 신화 관련 명화와 조각, 사진 등이 많이 수록되어 있는 점도 큰 장점이다. 신화 갤러리, 그리스 세계 지도, 신들의 계보 등 다채로운 정보가 신화를 더 입체적으로 이해하도록 돕는다.

아직 그리스 로마 신화를 한 번도 읽지 않은 어른에게도 문고판 대신 이 책을 권하고 싶다. 이 시리즈로 먼저 신화를 접한 뒤 어느 정도 머릿속에 상이 잡히면 완역본으로 읽을 때 더 재미있게 내용을 받아들일 수 있다.

초등 5학년을 위한 고전

《명심보감》| 추적 엮음 | 백선혜 옮김 | 홍익
《명심보감》| 범립본 지음 | 김원중 옮김 | 휴머니스트

명심보감明心寶鑑은 한자 밝을 명明, 마음 심心, 보배로울 보寶, 거울 감鑑을 그대로 해석해 '마음을 밝히는 보배로운 거울'이라는 의미를 가진다. 조선시대에는 어린이들의 인격 수양을 목적으로 이 책을 읽혔지만 사실 내용을 보면 시대를 초월하는 가정교육서라고도 할 수 있다. 사람은 누구나 태어나면서부터 수많은 관계를 맺게 되는데 명심보감이 바로 이 인간관계를 다루는 고전 중의 고전인 셈이다.

관계도 관계지만 그 속에서 나의 위치, 나의 행동과 역할 등을 생각하게 하는 내용이 주를 이룬다. 물론 소학과 마찬가지로 시대의 차이로 받아들이기 어려운 요소도 있다. 하지만 그런 일부분 때문에 명심보감 자체를 거부하기보다 처음에는 편안한 옛 이야기 정도로 부담 없이 읽으려는 자세가 어느 정도 필요하다. 만약 마음을 사로잡는 구절이 있다면 그 내용이 삶의 변화로 이어질 수 있도록 깊이 있게 읽어보자. 이 책은 그랬을 때 더 의미가 있다.

출판사 휴머니스트의 《명심보감》은 원저작자인 범립본을 지은이로 소개했다. 홍익의 《명심보감》은 현재 통용되고 있는 고려 말기 학자 추적이 엮은 초략본을 옮긴 것이다. 400여 년간 널리 읽힌 고전이건만 그 긴 세월 동안 누가 썼는지는 명확히 밝혀지지 않은 셈이다. 다만 중국 명나라 학자인 범립본이 최초로 상권, 하권 두 권으로 명심보감을 엮어 펴냈고 초략본은 고려시대 충렬왕 때 문과에 급제한 추적이 개정 증보한 것으로 보고 있다. 통상적으로 읽는 명심보감은 바로 후자인데 원본과 달리 19편 성심(마음을 살펴라)의 내용을 두 편으로 나눈 총 20편에 다른 누군가의 글 5편을 추가로 넣어 편집했다.

홍익의 명심보감은 원전 제목을 우리말로 풀이해 수록했으며 휴머니스트는 우리말로 제목을 푼 뒤 해당 편에 속하는 매 장마다 역자가 해석한 소제목을 추가로 달았다. 예를 들어 명심보감 1편 계선繼善은 총 10장의 내용을 포함하는데 홍익은 계선을 '착하게 살아라'라고 해석한 뒤 각

장은 숫자로 구분했다. 반면 휴머니스트는 각 장마다 ① 착함을 잇는다 ② 선악은 크기의 문제가 아니다 ③ 단 하루일지라도 ④ 목마르고 귀먹은 것처럼 식으로 제목을 붙여 내용을 짐작할 수 있게 했다. 아이와 함께 두 번역본을 비교하고 더 잘 와닿는 책으로 선택하면 어느 쪽이든 무방하다.

전국국어교사모임 국어시간에 고전읽기 (휴머니스트 펴냄)

전국국어교사모임에서 기획한 이 시리즈는 전35권으로 소설 27권, 야담 4권, 신화 4권으로 구성되어 있다. 많은 학생들이 고전을 '읽기 어렵고 불편한 책'으로 여기는 현실이 안타까워 국어 교사들이 힘을 모아 만들었다고 한다. 2002년 첫 책인 《운영전》을 출간했으며 2019년 《심생전》을 마지막으로 완간했다.

고전학에 정통한 학자들이 정본을 기준으로 글을 옮겼고 원본을 최대한 살리려 노력한 티가 난다. 실제로 초등 고학년 이상이라면 누구나 즐겁게 읽을 수 있도록 쉽게 풀어 쓰는 데 주력했다고 한다. 작품의 주요 장면을 삽화로 보여줘 이해를 도왔고 작품이나 고전 문학 관련 정보도 따로 제공하고 있다. 무엇보다 청소년이 작품을 더 잘 이해할 수 있도록 눈높이에 맞는 작품론을 실었다. 오랫동안 많은 사람들이 읽은, 전국국어교사모임이 추천하는 고전 목록은 아래와 같다.

소설: 운영전, 춘향전, 홍길동전, 박씨전, 채봉감별곡(심청천),
최척전, 토끼전, 금오신화, 흥부전, 박지원의 한문 소설,
배비장전, 사씨남정기, 장화홍련전, 임진록, 임경업전, 홍계월전,
이춘풍전, 구운몽, 옥단춘전, 변강쇠전, 방한림전, 옹고집전,
유충렬전, 김영철전, 전우치전, 심생전
야담: 기인한 이야기, 사랑 이야기, 신분 이야기, 재물 이야기
신화: 바리데기, 당금애기, 자청비, 삼국유사 이야기

초등 6학년을 위한 고전
〰〰〰〰

《논어》| 공자 지음 | 김형찬 옮김 | 현암사
《논어》| 공자 지음 | 김원중 옮김 | 휴머니스트

 흔히 동양 고전이라고 하면 가장 먼저 떠올리는 작품이 바로 논어^{論語}다. 유교 사상을 밑바탕으로 하는 책이다. 우리나라에서는 고려, 조선 시대 관리를 선발하는 과거 시험 필수 과목이기도 했다. 사대부 가문은 실생활에서 이 논어 사상을 따르려 애썼다. 현대에 이르러서도 만인에게 손꼽히는 것을 보면 2,500년이 넘는 세월 동안 꾸준히 그 가치를 인정받고 있다 해도 과언이 아니다. 그래서 '논어'를 검색하면 수도 없이 많은 책들이 결과로 나오곤 한다. 현암사는 현암사 동양 고전 시리즈 중 한 권인 《논어》에 대해 이렇게 소개한다.

 《논어》란 공자와 그 제자들이 세상을 살아가는 이치나 교육·문화·정치 등에 관해 논의한 이야기들을 모은 책이다. 그 안에는 공자의 혼잣말을 기록해놓은 것도 있고, 제자의 물음에 공자가 대답한 것, 제자들끼리 한 이야기도 있다. 또한 제자 외에 당대의 정치가들이나 은자들 또는 마을 사람들과 나눈 이야기도 기록되어 있다. 그래서 책의 제목이 《논어》가 되었다고 한다. 공자와 그 제자들을 중심으로 '토론한 이야기'라는 의미이다. 제목의 의미는 어찌되었건, 이 책이 현재까지 남아 있는 자료 중 공자의 삶과 사상을 이해하는 데 가장 정확하고 귀중한 자료라는 데는 이견이 없다.

공자가 제기한 예의 정신을 단적으로 이야기한다면, 바로 '인'이라고 할 수 있다. '인'이란 논어에서 가장 중요하게 사용되는 개념이고 공자의 사상을 이야기할 때 대표적으로 거론되는 개념이다. 인이란 글자 그대로 '두 사람', 즉 '사람과 사람 사이의 관계'를 뜻한다. 공자는 서로가 배려하는 사람들 사이의 가장 이상적인 관계를 통해 사회의 안정을 추구했고 이를 상징하는 개념으로 인을 사용한 것이다.

출판사 휴머니스트의 《논어》는 개정판으로 출간되었다. 저자 김원중 교수는 네이버 오디오클립 '논어백독' 방송에서 약 2년 동안 매일 한 장씩 《논어》를 읽었는데 그 내용을 독자들 눈높이에 맞춰 전면 개정한 것이 이 책이다. 김원중 교수는 논어를 500차례 이상 정독하며 강의를 해왔다. 그만큼 누구보다 그 속에 담긴 의미를 잘 이해하고 있다고 볼 수 있다. 원문 뜻에 충실하면서도 의미가 정확히 전달되도록 글을 옮겼으며 내용을 더 제대로 이해할 수 있도록 상세한 해설을 각주로 달았다. 중국 송나라 유학자 주희, 조선 후기 학자 정약용, 일본 에도 중기 학자

오규 소라이 등의 해석도 소개하고 있어 분량이 방대하다.

논어는 학이, 위정, 팔일, 리인, 공야장, 옹야, 술이 등 총 20편으로 나눌 수 있으며 장으로 치면 495장에 해당한다. 아이가 두 도서 중 어느 책에 더 호기심을 갖는지 살펴본 뒤 책을 정하고 하루 1장씩 혹은 일주일에 1편씩 꼼꼼히 읽어 나가길 추천한다. 연령을 막론하고 하루 15~20분을 투자해 내용을 정독하면 누구나 매일의 삶 속에서 큰 깨달음을 얻을 수 있다.

네버랜드 클래식 (시공주니어 펴냄)

네버랜드 클래식 시리즈는 출간된 지 100년 이상 된 세계 각국의 고전 소설을 전문 번역가가 완역해 원작의 깊이와 감동을 충분히 살린 책이다. 《하이디》(스위스 문학)와 《호두까기 인형》(독일 문학), 《80일간의 세계일주》(프랑스 문학), 《피노키오》(이탈리아 문학) 등 익숙한 작품들이

눈에 띈다. 또한 카네기, 안데르센, 뉴베리, 칼데콧, 볼로냐와 같은 국제 도서전 수상 작품(《마지막 전투》《크리스마스 캐럴》《제비호와 아마존호》《둘리틀 선생과 바다 여행》《비밀의 화원》《피노키오》등)도 포함한다.

상세한 작가 소개와 작품의 깊이를 느낄 수 있는 해설, 시대 배경을 담은 사진과 그림 등이 함께 수록되어 있어서 작품을 쓴 시대의 문화를 함께 엿볼 수 있는 것도 장점이다. 전집 형태가 아니므로 낱권 구매가 가능하며 현재까지 50권이 출간되었다.

비룡소 클래식 (비룡소 펴냄)

비룡소 클래식 시리즈 역시 전 세계 어린이 문학의 고전을 엄선해 펴냈다. 현재까지 50권이 출간되었으며 작품 해설 및 작가 연보를 충실히 수록했다. 또한 원작 느낌을 되살리기 위한 번역가의 고민과 열정이 느껴진다. 그중《보물섬》《꿀벌마야의 모험》《하이디》《트로이 전쟁》《해저 2만 리》《오즈의 마법사》는 영미문학연구회 번역평가사업단이 1등

급으로 평가한 번역본이기도 하다.

《트로이 전쟁》《돈키호테》《셰익스피어》와 같이 세계적으로 널리 알려졌지만 내용이 길고 어려워 접근하기 어려웠던 고전을 재구성한 작품도 있고 《정글북》《어린 왕자》《모래요정과 다섯 아이들》《은하철도의 밤》《이상한 나라의 앨리스》 등 영화나 애니메이션 원작으로 이미 친숙한 작품도 포함한다.

개인적으로 초등학교~중학교 시절 네버랜드 클래식이나 비룡소 클래식으로 세계 고전을 접하다가 민음사나 문학동네 세계 문학 전집으로 범위를 확장하면 문해력과 상상력을 키우는 데 효과적이라 생각한다.

공자께서 말씀하셨다.
"지위가 없음을 걱정하지 말고
그 자리에 설 수 있는 능력을 갖추기를 걱정해야 하며,
자기를 알아주지 않는 것을 걱정하지 말고
남이 알아줄 만하게 되도록 노력해야 한다."

_《논어》제4편 리인(里仁) 14장

3장

고전이 읽히는
독서력 키우기

내 아이의 독서 취향,
어떻게 파악할까?

많은 부모들이 아이가 세상에 나오기도 전에 독서에 관심을 갖는다. 태교로 책을 읽어주는 부모들이 있는가 하면 아이가 태어난 이후에는 각종 블로그나 카페를 돌아다니며 독서 관련 정보를 찾아 헤맨다. 당연한 얘기지만 도서관에서 근무하다 보면 추천 도서 목록을 묻는 이용자도 많이 만난다. 이미 추천 도서 목록을 들고 와서 책을 찾는 분들도 꽤 있다. 독서의 중요성을 누구보다 잘 알고 있기 때문에 부지런히 도서관을 찾는 것일 테지만 막상 어떤 책이 좋을지에 대해서는 대개 확신이 부족하다. 그만큼 책을 고르는 일은 읽는 것만큼 중요한 과정이다.

책을 읽는 습관이 잡혀 있지 않은 사람들은 책을 선택하는 일을 막막해한다. 학교 도서관 장서 수는 대부분 2~3만 권 정도이고 공공 도서관은 이보다 더 많은 책을 소장하고 있다. 이렇게 책이 너무 많은 시대이니 선택을 어려워하는 것은 어쩌면 당연한 일이다. 다행히 요즘은 정보를 얻는 것도 쉬워서 어린이도서연구회, 열린어린이^{Openkid}, 국제아동청소년도서협의회^{KBBY} 같은 기관이나 가온빛, 그림책박물관 같은 웹사이트에서도 쉽게 추천 도서 목록을 확인할 수 있다. 전문가들이 엄선했기에 부모들은 더 안심하고 신뢰하는 눈치다.

하지만 나는 부모들에게 묻고 싶다. "아이의 독서 취향을 제대로 파악하고 계신가요?"라고 말이다. 모든 아이에게 같은 돌봄 방식을 적용할수 없는 것처럼 독서도 마찬가지다. 아이의 독서 단계, 취향을 무시한채 무조건 누군가가 좋다는 책을 차례대로 빌려서 읽히는 것은 바람직하지 않다. 아이가 읽은 책 리스트를 맹목적으로 지워가며 추천 도서를 다 읽었다는 그릇된 성취감에 빠지는 일만은 꼭 삼가달라 당부하고 싶다. 문제는 취향이다. 아이의 독서 취향을 제대로 파악하고 있으면 아이가 비자발적으로 독서를 시작했어도 어느새 스스로 읽는 아이가 된다.

그렇다면 어떻게 내 아이의 독서 취향을 파악할 수 있을까? 책을 읽히는 수준을 뛰어넘어 함께 읽기, 즉 북토크가 필요하다. 나는 가능한 한아이가 읽는 책을 부모가 같이 읽기를 권한다. 그래야 함께 북토크를 할수 있다. 이런 과정을 거치다 보면 자연스레 내 아이의 취향을 알게 된다. 부모가 바빠서 아이와 함께 책을 읽는 게 어렵다면 최소한 아이가 읽은 책 제목에라도 관심을 가져야 한다. 이를 소재로 아이와 대화를 이어갈 수 있기 때문이다. 가령 아이가 출판사 좋은책어린이에서 출간한 저학년 문고 리스트 중 《사람 빌려주는 도서관》을 읽었다고 하자. 부모는 "우와, 사람을 빌려주는 도서관도 있어? 그럼 사람이 책처럼 꽂혀 있고 내가 원하는 사람을 책처럼 대출할 수 있는 거네?"라며 질문을 던질 수 있다. 그러면 아이는 신이 나서 책 줄거리를 얘기할 것이다.

"네. 내가 원하는 부모님의 나이, 직업, 성격까지 고를 수 있고 그에 해당하는 엄마, 아빠를 대출하는 거예요. 머리숱이 적고 청소부인 아빠랑 뚱뚱하고 새치 많은 풀빵 장수 엄마가 마음에 안 들었던 민기가 도서관에서 마음에 쏙 드는 부모님을 빌렸어요."

"정말로 사람 빌려주는 도서관이 있다면 우리 ○○는 어떤 엄마, 아빠를 대출하고 싶어?"

비록 책을 읽지 않았어도 아이와의 대화는 충분히 책의 내용을 짐작하게 한다. 관련 질문을 던지고 아이의 생각을 들으면서 상호 작용도 할 수 있다. 이 과정을 반복하다 보면 자연스럽게 아이가 어떤 종류의 이야기에 흥미를 갖고 있는지 깨닫게 된다. 이 책은 58쪽 분량의 얇은 책이다. 학생이 읽고 반납하는 책을 정리하다 제목에 호기심이 생겨서 그 자리에서 읽어 내려갔던 기억이 있다. 개인적으로 글쓴이의 기발한 아이디어에 감탄했고 이 책에 대해 아이들과 이야기를 나누고 싶어졌다.

엄친아, 엄친딸이라는 말을 많이 들어봤을 것이다. 의미는 '엄마 친구 아들' 혹은 '엄마 친구 딸'이다. 외모나 능력 등 모든 면에서 뛰어난 남의 집 아들, 딸을 이르는 말로 흔히 부모가 자신의 아이를 훈계할 때 종종 등장한다. "옆집 ○○는 말이야…" 하고 비교하는 일이 잦아서 이런 말이 생겼다고 한다. 그런데 반대 상황을 생각해본 적 있는가? 아이 역시 내가 아닌 다른 집 부모를 더 동경하고 원하고 있을지도 모를 일이다.

역지사지易地思之라는 사자성어가 있다. 입장을 바꾸어 상대방의 처지에서 생각해보고 서로를 더 깊이 이해하라는 뜻이다. 이 책 주인공 민기는 꿈꾸던 부모를 대출하는 데 성공하지만 정작 빌려온 엄마, 아빠는 민기가 마음에 안 든다며 도서관에 아이를 기증한다. 민기는 자신을 원하는 사람이 아무도 없어서 서가에 꽂힌 채 기다림의 시간을 보내게 된다. 그제야 시시하다고 생각했던 진짜 엄마 아빠를 떠올린다. 투박하고 포근했던 부모님의 품, 부모님의 사랑과 고마움 등을 느끼며 엄마 아빠를 그리워한다.

나는 아이들과 내가 이미 가지고 있는 소중한 것들, 다른 사람 입장을 생각하는 일 등을 주제로 다양한 이야기를 나누었다. 도서관을 찾는 엄마, 아빠, 아이들과 책 줄거리를 공유하면 한번 읽어보고 싶어서 결국 책을 주문했다는 사람도 있고 대형 서점 한 쪽에 서서 나처럼 단숨에 읽어 내려 갔다는 사람도 만난다. 읽은 책에 대해 신나게 떠드는 것만으로도 대화는 풍성해진다.

아이들과 북토크를 나누는 것도 거창하게 생각할 필요는 없다. 줄거리 혹은 제목으로 이야기의 물꼬를 터도 좋다. 이런 과정을 통해 내 아이가 문학, 과학, 역사 등 다양한 분야 중 어느 쪽에 더 관심을 갖고 있는지를 알아챌 수 있다. 더 나아가 문학이라면 추리, 전래 동화, 명작 동화, 신화, 창작 동화 중 어떤 이야기를 더 흥미로워 하는지 알게 된다. 아이가 유난히 더 많은 설명을 하는 분야, 눈을 반짝이며 이야기하는 분야가 있다면 주의 깊게 살펴보고 기억해두자. 그것이 내 아이의 독서 취향이다.

스스로 책 고르는 아이

아이가 수많은 책들 가운데 스스로 원하는 것, 현재 자신에게 필요한 것을 명확히 고르는 일은 상당히 의미 있다. 독서 취향과 연장선에 있는 데다 읽고 싶은 책을 스스로 고르는 습관을 잘만 들이면 자기 스스로에 대한 이해가 깊어지기 때문이다. 내가 무엇을 좋아하는 사람인지, 무엇에 관심이 있는 사람인지를 알게 된다. 무엇보다 그 취향이 변화하는 과정을 느낄 수도 있다. 이렇게 세계관이 확립된 아이는 스스로 책 고르기를 잘하는, 즉 자발적으로 책을 찾고 읽는 진정한 독서가로 성장한다. 그래서 나는 엄마들에게 스스로 책 고르는 습관과 그 중요성을 자주 설명하곤 한다.

습관을 기르기 위해 내가 추천하는 방법은 인터넷 서점을 이용하는 대신 도서관이나 서점에서 직접 책을 찾는 방법이다. 서가에 꽂힌 책들 제목을 훑으며 흥미를 끄는 책을 집어 드는 연습, 고루해 보여도 그것이 스스로 책을 골라 읽는 첫걸음이다. 가능한 한 일주일에 한 번은 학교 도서관이나 집 근처 공공 도서관 혹은 대형 서점에 아이를 데리고 가자. 경험이 조금만 쌓여도 아이는 책등만 보이도록 꽂힌 서가에서도 자기 관심 분야 도서를 잘만 솎아낸다.

한 가지 유념해야 할 사항이 있다. 대형 서점에만 가면 만화책을 사달라고 조르는 아이들이 있는데 이럴 때 적절한 대처가 필요하다. 2020년 상반기는 코로나19 장기화로 인터넷 서점 판매량, 그중에서 어린이 분야 도서는 오히려 매출이 늘었다고 한다. 그런데 상반기 종합 베스트셀러 100권 중 10순위 안에 드는 도서는 모두 만화책이다. 아이와 서점 나들이에 나서기 전에 몇 가지 규칙과 약속을 정해보는 것은 어떨까?

1. 만화책은 사지 않는다.
2. 사고 싶은 문구류는 일정 금액 내에서 고른다.
3. 서점 나들이를 마치고 외식은 아이가 원하는 메뉴로 결정한다.

서점에서 책을 고르는 게 아직 익숙하지 않은 아이라면 서가 일부를 정해 그 안에서 책을 고르게 하는 것도 한 방법이다. 방황하는 시간을 최소화할 수 있으며 구역을 조금씩 넓혀갈 때마다 아이는 성취감을 느낀다.

엄마들이 가장 접근하기 편한 또 다른 장소는 학교 도서관이다. 실제로 아이 하교 시간에 맞춰 도서관으로 발을 옮기는 엄마들이 생각보다 많다. 학교 수업을 마친 아이와 학교 정문도 교실 앞도 아닌 도서관에서 만나기로 한 부모들을 나는 아낌없이 칭찬한다. 물론 아이와 집으로 돌아가기 전에 기다리는 시간이 무료해 단순히 읽을 책을 고르자는 마음이었을 수도 있다. 그러나 아이가 낯선 도서관을 친근하게 느끼려면 이런 소박한 장치가 꽤 유용하다. 도서관은 금세 엄마가 기다리는 곳, 익숙한 장소, 따뜻한 공간으로 탈바꿈한다. 그럼 아이는 어느 때든 혼자서 스스럼없이 도서관을 찾게 된다.

엄마가 책을 빌리는 과정을 눈으로 지켜보는 것도 아이에게는 학습이다. 이 모습을 자주 볼수록 책 대출 과정을 자연스럽게 익혀 방과 후 책을 골라 돌아가는 일이 하나의 루틴으로 자리 잡는다. 이 과정을 처음 연습하는 엄마들에게는 한 가지 더 당부한다. 처음에는 엄마가 고른 책 4권에 아이가 읽고 싶은 책 1권을 대여하고 점점 아이가 선택할 수 있는 책 권수를 늘린다. 물론 만화책은 되도록 제외한다.

제 힘으로 책 한 권을 고르는 일에도 심사숙고하며 부모에게 거듭 질문을 던지던 아이는 곧 변한다. 엄마와 아이가 서로 선택한 책을 양보하

지 못해 대출 한도 내에서 고민을 주고받으며 협상을 이어가는 모습은
흐뭇하고도 아름답다.

좋은 책 vs. 나쁜 책을 따지기 전에

좋은 책이란 무엇일까? 아무리 신뢰성 있는 기관이나 지식인들이 앞
다퉈 양서라고 추천해도 이는 지극히 상대적인 개념일 뿐이다. 사전의
표현을 빌리자면 양서良書는 '내용이 교훈적이거나 건전한 책'을 의미한
다. 하지만 많은 사람들이 스테디셀러(오랜 기간 꾸준히 잘 팔린 책)를 좋
은 책이라 오해한다. 이렇게 기준이 모호하다 보니 '좋은 책을 고르는
것'은 매우 어려운 일처럼 느껴진다.

하지만 이제 막 자기가 원하는 책을 고르기 시작한 아이에게 "어떻게
든 좋은 책을 읽혀야지!"와 같은 강박은 오히려 독이 될 수 있다. 이 시
기에는 부모가 욕심을 내려놓을 필요가 있다. 선택과 집중이라 했던가?
아이가 책을 고르는 행위 그 자체를 도와주는 데 의의를 두자. 자녀가
책 고르는 일을 어려워할 때 간단한 방법을 제시해도 좋다.

아이들이 책을 고를 때는 일부 도서를 제외하면 대부분 서가에 꽂힌
상태다. 표지를 한눈에 볼 수 없는 책은 사실 시각적인 효과가 크지 않
아서 선택에 어려움을 더하는데, 이때 부모가 "마음에 드는 제목은 없

어?" 하고 물어본다면 적당한 가이드라인이 생긴다. 끌리는 제목, 내용이 궁금해지는 책을 마음껏 고를 수 있도록 자유를 보장해주는 과정이다. 가만히 두고 보면 아이는 스스로 책을 탐색할 것이다. 마치 걸음마를 떼지 못한 아이가 처음 접한 그림책을 콩콩 두드려 보고 물고 빨아보듯 말이다.

아이가 책을 살짝 뽑아 표지를 살핀다면 서문이나 목차를 같이 확인해주자. 어떤 책이든 이 부분에서 내용을 짐작할 수 있기 때문이다. 작가는 서문에서 왜 이 책을 쓰게 되었는지 적는다. 따라서 작가의 의도가 마음에 와닿으면 통과, 다음으로 목차를 훑으며 아이의 호기심이 동하는지 지켜본다. 보통 책날개에 작가나 번역가에 관한 정보와 이력 등이 적혀 있는데, 이를 살피는 것도 책을 고르는 데 도움이 된다. 그런 다음 책 도입부를 두세 장 읽어보자. 뒷내용이 궁금해 계속 읽고 싶어진다면 그 책을 빌리거나 사도 좋다.

만약 아이가 별다른 탐색 없이 제목만 보고 책을 골랐다 해도 실망할 필요는 없다. 다만 아이가 직접 고른 책을 다 읽은 뒤 꼭 "책 어땠어?"라고 질문을 던져보자. "재미있었어"라고 하면 잘 골랐다고 칭찬해주고 "제목이 마음에 들어서 골랐는데 재미는 없었어"라고 한다면 위에서 말한 여러 가지 탐색법을 알려주면 그만이다.

몇 권의 책을 읽었는가보다 더 중요한 것은 아이와 함께 혹은 아이 스스로 고른 책에 대해 기록을 남기는 것이다. 아래 표와 같은 양식으로 소소한 독서 기록을 남기면 내 아이가 동그라미 체크한 책을 한눈에 볼 수 있는데, 이 역시 아이의 독서 취향을 파악하는 데 큰 도움을 준다.

스스로 책 고르기 프로젝트				
	날짜	제목	지은이	재미지수
1				○ (아주 재미있음)
2				△ (보통)
3				✕ (재미없음)
4				
5				
6				
7				
8				
9				
10				

기본 중의 기본,
좋아하는 책 계속 읽기

대학교 3학년 때 운전면허를 취득한 나는 하루가 멀다 하고 운전하는 꿈을 꿨다. 그만큼 매일 운전이 하고 싶었고 운전하는 상상만 해도 기분이 좋았다. 그런데 엄마는 20대 어린 딸이 운전대를 잡는 게 여간 걱정이었는지 내가 운전하는 것을 극구 반대했다. 결국 따끈따끈했던 내 면허증은 그대로 장롱 면허가 되었다. 결혼을 하고 아이를 낳으면서 다시 운전 연수를 받았지만 이미 쫄보에 겁쟁이가 다 된 나는 운전하는 것이 더는 즐겁지 않았다. 잔뜩 겁을 먹고 소심하게 운전하던 나에게 남편은 "괜찮아, 너무 무서워하지 마. 사람만 빼고 다 박아도 돼"라며 용기를 심어줬다. 그럼에도 나는 '분당 면허'를 면치 못했다. 말 그대로 분당에 거주하며 필요에 의해 분당 지역만 다닐 수 있는 상태를 오래 유지했던 것이다.

그렇게 시간이 지나고 직장 문제로 고속도로를 타야 하는 상황이 생겼다. 처음에는 쌩쌩 달리는 차들 속으로 합류하는 일이 쉽지 않았지만 매일 반복되는 운전에 차츰 익숙해졌다. 스스로도 인식하지 못한 사이에 계기판 속도계로 130을 찍은 적도 있다. 물론 이런 날은 화들짝 놀라 가속 페달에서 조심히 발을 떼야만 했다.

독서도 운전과 크게 다르지 않다. 많이 읽다 보면 저절로 글밥에 대한 부담감이 줄어든다. 2장에서 소개한 아침 독서 운동 4원칙 중 '좋아하는 책을 읽어요'라는 대목이 있는데, 이 과정을 지나면 아이는 점점 두꺼운 책에 관심을 보이게 된다. 책 두께에 대한 거부감이 사라졌다는 것은 깊이 있는 독서와 그 즐거움을 조금씩 알아가고 있다는 의미이기도 하다. 집중할 수 있는 시간이 늘어난 만큼 애독愛讀의 길로 들어설 여지가 충분하다.

또한 좋아하는 책을 마음껏 읽는 아이는 재미있는 책을 잘 고르는 능력도 절로 터득한다. 부모는 그저 아이가 좋아하는 책을 마음껏 읽도록 하되 책 두께에 무심해지면 된다. 그리고 아이에게 몇 권 읽었는지 묻기보다 몇 분 동안 읽었는지 혹은 얼마나 읽었는지에 더 관심을 갖기를 추천한다. 이때 부모는 아이가 얇은 책의 한계와 갈증을 느끼기 시작할 무렵을 잘 캐치해야 한다. 적절하고 재미있는 책이 아이 손닿는 곳에 있도록 환경을 만들어주면 더없이 좋다. 앞서 설명한 것처럼 아이에게만 읽기를 강요하지 말고 되도록 부모 형제가 함께 책을 읽을 시간을 마련하자.

아이가 세계 문학에 관심이 많고 부모 또한 이 분야 독서를 권하고 싶다면 이런 방법도 있다. 《안네의 일기》《작은 아씨들》《톰 소여의 모험》 등 축약본을 먼저 읽게 한 뒤 재미지수가 높았던 책 완역본을 아이 눈에 띄는 곳에 둔다. 아이가 처음으로 도전하는 두꺼운 책은 부모와 같이 읽는 게 매우 효과적이다. 그림책을 읽어주듯 엄마가 매일 일정 부분을 읽어주는 방법도 있고 아이와 엄마가 1쪽씩 번갈아 가며 읽어도 좋다.

대개의 부모들이 아이가 글을 깨우치고 점점 두께 있는 책을 고르게 되면 그때부터 읽어주기를 졸업하곤 하는데, 이런 과도기에도 부모의 목소리는 필요하다. 독서의 질을 결정짓는 가장 중요한 요소는 아이가 서사를 접한 뒤 즐거움을 느꼈는가 하는 부분이다. 즐거운 경험이 쌓여야 아이는 다른 책에 대한 기대를 갖게 되고 읽는 행위를 통해 실질적인 언어 능력을 습득한다. 그리고 마침내 올바른 책을 선택하는 단계에 이른다. 이것이 빅터 닐이 주장하는 '즐거운 독서'의 개념이다.

꼭 두꺼운 책이 아니더라도 그림책에서 글만 있는 책으로 이행할 때 부모가 페이스메이커처럼 같이 책을 읽어주자. 책을 다 읽고 감상을 나눈 뒤 같은 작가의 다른 책을 찾아서 읽는 방법, 아이가 특히 재미있어

한 책은 '두 번 읽기 프로젝트'로 접근하는 방법 등 소소한 독서 이벤트를 만들어볼 수 있다. 번역본의 경우 제목은 같지만 출판사가 다른, 즉 역자가 다른 책을 비교해서 읽으며 차이점을 발견하는 것도 흥미롭다. 책을 읽는 행위는 일종의 시각적 자극이다. 아이들은 문자와 그림 등을 읽고 머릿속에 단기 기억을 형성하는데 작가의 다른 책 읽기나 두 번 읽기, 역자가 다른 책 비교하며 읽기 같은 방식은 기억을 장기화하기 좋을 뿐 아니라 독서 이후 아이와 나눌 이야기를 더 풍성하게 한다.

《레오가 해냈어요》Leo the Late Bloomer라는 제목으로 출간되었으나 이제는 절판인 도서가 있다. 내가 애착을 가지고 있는 책 가운데 하나인데, 이 책을 접한 것은 둘째딸 성은이가 세 돌이 되었을 무렵이다. 책 주인공인 아기 호랑이 레오는 잘하는 게 아무것도 없다. 읽지도 쓰지도 못하고 그림도 못 그린다. 밥을 깨끗이 먹는 것도 아니었고 말도 어눌했다. 아빠 호랑이는 늘 레오를 걱정한다.

"레오한테 무슨 문제가 있는 걸까요?"

아빠가 말했다.

"아니에요. 다른 아이보다 조금 늦을 뿐이에요."

레오 엄마는 레오는 단지 늦깎이Late Bloomer, 말하자면 늦게 피는 꽃처럼 늦게 깨우치는 아이일 뿐이라며 아빠를 위로한다. 그럼에도 아빠는 몰래 숨어서 자주 레오를 지켜보고, 엄마는 보고 있으면 더 못한다(꽃이 피지 않는다)고 말하며 아빠를 말린다.

개인적으로 이즈음 둘째딸 성은이는 말이 매우 느렸다. 그래서인지 이 부분이 내 마음을 움직였다. 큰딸이 두 돌 무렵일 때는《게으름뱅이 무당벌레》를 자주 읽어줬는데, 이 아이는 내용을 달달 외우고 있었던 터라 한글을 벌써 뗐냐는 오해도 받았다. 그런데 둘째는 상황이 크게 달 랐다. 세 돌 무렵에도 단어만 몇 개 내뱉을 뿐 진전이 없었다. '그래 맞 아. 우리 둘째도 늦깎이인 거야'라고 생각하자 겨우 조바심을 내려놓을 수 있었다. 이듬해 둘째딸 성은이는 쌓아두었던 말을 내뱉듯이 단번에 유창한 문장을 구사해 모두를 놀라게 했다.

아이의 독서력도 부모가 지켜보면 늘어가는 게 크게 느껴지지 않는 다. 하지만 독서의 목적을 교육이 아닌 즐거움에 둔다면 어느 날 갑자기 크게 성장한 아이의 모습을 발견할 수 있다. 집중력이 늘어난 아이, 생 각을 자유롭게 말하고 자신의 느낌을 글로 정리할 수 있는 상태, 이 모습 을 바라보는 날을 상상하면 기다림이 지루하지 않을 것이다. 다시 한 번 강조한다. 아이가 처음 고른 최초의 두꺼운 책, 엄마 아빠가 옆에서 꼭 붙어서 읽어보시라. 아이는 성취감과 자신감을 얻게 된다. 이런 상태라 면 인문 고전 독서도 거뜬히 시작할 수 있다.

글밥이 늘면 주제 분야를 넓혀라

아이가 책을 재미있게 잘 읽게 되면 주제 분야를 확장하는 데 주력할 필요가 있다. 독서 편식을 줄이고 다양한 분야의 책을 접하면 영역별로 조금씩 다른 생각과 지혜를 얻을 수 있기 때문이다.

독서 지도를 연구하는 대부분의 학자들은 초등학교 4학년 무렵 아이들에게 찾아오는 변화에 주목한다. 초등 4~5학년 시기 읽는 속도가 급격히 빨라지고 자유 독서를 시작하는 이때를 다독기多讀基라고 본다. 조금 더 지나서 6학년, 중학생이 되면 문제 해결 등을 목적으로 하는 선택적 다독기에 접어든다. 도서 분야를 다양화하는 과정은 다독기 아이의 독서 편식을 막아주고 통합적 사고를 기르는 데 밑거름이 된다.

도서관은 다양한 분야 도서를 '십진분류'로 구분한다. 이용자가 편리하게 책을 찾을 수 있도록 고안한 방법으로 이를 최초로 만든 이는 멜빌 듀이(Melvil Dewey, 1873)라는 학자다. 세계 각국은 이 분류법을 모국어 및 기호에 맞게 응용해 사용하고 있다. 우리나라 대부분의 도서관은 한국십진분류법KDC을 사용하는데 책을 000부터 900까지 열 가지 주제로 분류하고 이것을 다시 세분화해 정리한다. 우리나라 공공 도서관의 십진분류는 다음과 같다.

000	총류	문헌 정보학, 백과사전, 컴퓨터, 연속 간행물 등
100	철학	철학, 논리학, 심리학, 윤리학 등
200	종교	불교, 기독교, 도교, 천도교, 기타 종교
300	사회과학	통계, 경제, 사회, 정치, 행정, 법, 교육, 민속, 국방 등
400	자연과학	수학, 물리, 화학, 천문, 식물, 동물 등
500	기술과학	의학, 농업, 건축, 기계, 전기, 전자, 화학, 제조 등
600	예술	미술, 사진, 음악, 스포츠 등
700	언어	한국어, 중국어, 일본어, 영어, 독일어, 프랑스어 등
800	문학	각 나라별 소설, 동시, 수필 등
900	역사	각 나라별 역사, 지리, 여행, 위인전 등

아이들의 독서 취향은 대개 문학이나 과학, 역사 세 가지 분야에 편중되어 있다. 아이 스스로가 부모 권유 없이 책을 대출하고 읽을 수 있는 정도라면, 게다가 글밥이 제법 있는 책에 부담을 느끼지 않는다면 십진분류에 따라 독서 주제 분야를 확장하도록 유도할 필요가 있다.

도서관 차원에서는 이용자에게 다분야 독서를 권하기 위해 주제별 독서 활동지, 십진분류 체험 프로그램 등을 활용한다. 이게 무슨 말인가 하면 매일매일 다른 분야 도서 책을 빌려보면서 새로운 지식의 즐거움을 탐험하는 것이다. 오늘 '100 철학' 분야 서가에서 원하는 책을 빌렸다면 다음 날에는 다른 위치에 놓인 책 중 읽고 싶은 책을 골라야 한다.

친구네 집에 여러 번 놀러간 아이는 처음에야 당연히 친구 방에서만 놀지만 나중에는 안방, 부엌 등을 찬찬히 구경할 기회가 생긴다. 그때 느끼는 새로움과 마찬가지로 도서관도 다른 서가 쪽을 구경해야만 느낄 수 있는 기분 좋음이 있다. 새로운 공간, 새로운 책 더 나아가 새로 알고 싶은 관심 분야를 발견하는 일은 오랜 시간이 흘러서 아이가 진로를 정할 때 열쇠 역할을 한다. 더러는 이때 인생의 책을 만난다.

주제 분야 확장의 가장 큰 소득은 어휘력이다. 영어를 떠올려보자. 일상에서 사용하는 영어와 사업적 영어를 구분해 생활 영어, 비즈니스 영어라고 부른다. 이 둘의 차이는 어휘 범위, 즉 사용하는 상황이 다르다. 사실 아이들이 일상에서 사용하는 언어는 한정적이고 반복적일 수밖에 없는데 분야를 확장해 책을 읽으면 아이가 이해할 수 있는 언어의 폭이 넓어진다. 쉽게 말해 문학 작품만 좋아해서 그 분야만 읽는 아이는 독해력은 좋을 수 있지만 언젠가 '어휘력 한계'라는 벽에 부딪힌다. 대학수학능력시험 지문을 떠올리면 이해가 쉽다. 국어 비문학 지문의 경우 인문계 학생은 주로 과학·기술 분야를, 자연계 학생은 철학 분야 지문을 잘 이해하지 못한다. 경제 지문도 어려운 분야 중 하나로 꼽힌다.

독서로 다양한 분야와 배경지식을 서서히, 장기적으로 쌓은 아이들은 훗날 교과 과목을 이해하고 시험 문제를 해석하는 데 탁월한 능력을 보인다. 문형이 다소 복잡해도 남들보다 쉽게 접근할 수 있기에 공부 자체에 대한 두려움이 줄어든다. 이 오랜 훈련의 결과는 누구도 쉽게 깨뜨릴 수 없기 때문에 수능 대비반 국어 전문 강사들은 3, 4등급 이하의 학생들에게 이렇게 제시한다. 1, 2등급도 잘 틀리는 비문학에 매달리기보다 차라리 그 시간에 화법과 작문, 문법, 문학을 더 열심히 공부하라고. 반대로 생각하면 비문학을 절대 포기할 수 없는 학생들에게 반드시 필요한 것은 꾸준함이라는 말이 된다. 다시 말해 가장 어렵고도 쉬운 방법, 시간을 투자해 계속 읽어 나가는 방법뿐이라는 것. 독서를 통해 그 분야의 기본 개념을 익히고 매일매일 관련 도서나 기사를 읽어야만 실력이 는다.

이처럼 국어는 수학처럼 공식을 완전히 익힌 후 바로 적용해서 답을 찾을 수 있는 영역이 아니다. 그렇기에 대부분의 교육 전문가들은 국어 1등급과 2등급의 차이는 결국 독서라고 입을 모은다. 물리적인 시간의 한계를 극복하기 어려운 만큼 실력 차이를 좁히는 것도 쉽지 않을 것이다. 과학, 기술, 경제, 철학 관련 분야로 독서를 확장하기 가장 좋은 방법은 다독기의 활용임을 잊지 말자.

아이가 문학 분야의 책만 고집하고 과학, 역사, 철학 분야 독서를 꺼려한다면 만화책을 살짝 이용해도 좋다. 앞서 얘기한 것처럼 무관심한 분야를 관심 분야로 돌리기 위한 마중물 용도로만 활용한다. 2주, 길게는 1개월 정도 만화책으로 읽게 한 뒤 비슷한 주제의 글밥 있는 과학 및 역사 도서를 건네주면 부담이 적다. 이때도 부모는 아이의 반응을 잘 살펴야 한다. 한동안 만화책을 읽은 아이들은 일시적으로 글로 가득한 책을 거부하는 경향을 보인다. 그러니 부모는 적절한 시기에 만화책을 주고 또 적절한 시기에 글로 된 책을 주는 등 나름의 요령이 필요하다.

독서 동아리를 만들어요

얼마 전 문화체육관광부에서 '사회적 독서' 권장을 중심으로 제3차 독서문화진흥 기본 계획(2019~2023)을 발표했다. '책 읽기'를 개인의 독서활동으로 끝내는 것이 아니라 타인과 함께 읽고 내용을 공유하는 사회적 차원의 독서로 전환한다는 취지였다. 독서 동아리 참여율을 3%에서 30%로 끌어올리는 데 목표를 두고 그동안 미흡하다고 평가되던 독서동아리 활동을 제도적으로 지원하겠다는 마음가짐이다.

내가 근무하는 강남구도 독서 활동의 기회를 보장하고 지역 주민의 삶을 질적으로 높이는 독서 동아리 지원이 꽤 확대되었다. 2018년부터 여러 가지 시도를 해왔고 2020년 현재 170개 동아리에 팀별 48만 원의 지원금을 지급하고 있다. 이처럼 최근에는 지자체에서도 도서관 내 동아리 활동을 적극 지원하고 있다. 참고로 내가 관장을 맡고 있는 강남구립못골도서관 역시 등록된 동아리가 20개 정도 있다.

코로나19로 갑작스런 비대면 사회가 시작되었다. 사실 상반기에는 모임이 전면 중지되는 등 우여곡절이 많아서 앞으로 동아리 활동이 어떻게 될지 불안한 마음이 컸다. 그런데 사회적 거리두기 시기가 길어지면서 신기한 현상이 나타났다. 모임이 없어져 느슨해질 법도 한데 동아리 회원들이 자발적으로 다른 형태의 모임을 추진하기 시작한 것이다. 서로 거리를 둔 채 마스크를 쓰고 이야기를 나누기도 했고 온라인상에서 생각을 공유한 적도 있다. 이들이 모임의 가치를 누구보다 잘 알고 있기 때문에 가능했던 결과라 생각한다.

독서를 하다 보면 사고의 폭도 넓어지고 집중력도 눈에 띄게 좋아지는데 한계가 있다면 단 하나, 꾸준히 지속하기가 어렵다. 이럴 때 필요한 게 앞서 소개한 독서 모임, 즉 독서 동아리 활동이다. 아이도 어른과 다르지 않다. 친구 혹은 가족과 함께하는 독서 동아리는 놀라운 힘을 발휘한다. 같은 책을 읽고 그 책에 대해 이야기할 친구가 있다는 것, 나와 다른 생각을 하고 또 그 내용을 논리적으로 얘기하는 친구와 정기적으로 대화할 수 있다는 것은 말 그대로 특별한 경험이다.

독서 동아리 활동이 주는 이점은 여기에서 그치지 않는다. 먼저는 자신의 생각을 정리하고 마음 여는 법을 터득하는 데 효과적이다. 또한 개인의 경험과 고민에만 집중하던 아이들이 타인을 향해 시선을 돌리게 되며 그만큼 타인의 생각을 이해하고 존중하는 법을 배운다. 더 나아가 사회 현상을 바라보는 관점이 달라지는 등 자기만의 세계관을 세우게 된다.

이처럼 독서 자체가 가진 힘과 함께 읽어 나가는 경험이 만나면 어떤 일이 생길까? 독서 자체가 즐거워진다. 이야기를 나누는 동안 느낀 생동감이 더 오래 남아 아이는 자발적으로 책을 가까이 하려 할 것이다. 내가 독서 동아리 활동을 권장하는 이유도 이 때문이다. 요즘처럼 각자 위치에서 전력 질주하는 시대에는 다들 경주마처럼 앞만 보고 달리기 십상인데, 독서 동아리 모임은 삶에서 쉼터 역할을 해 일상 속 고민이나 스트레스를 다른 방식으로 해소하도록 돕는다.

내가 이상적이라 생각하는 모임 횟수는 한 달에 한두 차례지만 모임 구성원의 의견에 따라 매주 갖기도 한다. 횟수보다 중요한 것은 그 시간을 즐기는 자세다. 책을 읽는 구성원과 느낌 및 경험을 온전히 나눌 수 있어야 내게도 유익이 될 수 있음을 명심하자. 그리고 독서 동아리의 구성적인 면에 대해서도 한 가지 팁을 전달하고 싶다. 어떤 모임이든 활발한 토론이 펼쳐지기 위해서는 퍼실리테이터Facilitator(개인이나 집단의 문제 해결 능력을 돕는 사람)가 필요하다. 도서관 내 동아리를 예로 들면 사서의 역할이다.

우리 도서관 사서들은 평균 1인 2개 동아리를 맡아 퍼실리테이터로 활동한다. 그렇다고 이들이 동아리 리더를 맡는 것은 아니다. 동아리 회원 중 리더를 따로 세우고 퍼실리테이터는 지원 역할을 주로 맡는다. 이들은 리더와 상의해 같이 읽어나갈 도서를 정하고 구성원에게 책과 저자에 대한 설명 및 필요한 사전 지식을 미리 전하는 일을 한다. 또 모임 시 대화가 원활히 진행될 수 있도록 질문을 준비하고 토론하는 동안 여러 의견에 맞서 적절히 또 다른 질문을 던져주는 등 모임을 전반적으로 독려한다. 가정 내에서 아이와 독서 나눔을 하려고 구상 중에 있다면 이 역할에 대해서도 충분히 고민해볼 필요가 있다.

부모와 아이, 함께 책을 읽으면 생기는 일

《나는 공부 대신 논어를 읽었다》를 쓴 김범주 작가는 현재 캐나다 토론토대학교에 재학 중이다. 사춘기 반항이 시작될 중 1 무렵 아빠 권유로 우연히 독서 모임에 나가면서 책과 가까워졌다. 가장 큰 터닝 포인트가 된 것은 논어 필사 모임이었다. 아버지가 친구들과 시작한 '논어 필사 모임'에 인원이 부족해 들어가게 되면서 많은 부분이 달라졌다. 이 책은 평범한 사람의 특별한 이야기로 누구라도 삶에 적용할 수 있는 독서 팁을 제공한다.

미국 단기 유학을 떠나기 전(중 3)까지 학교 성적이 최하위에 머물던 그가 어떻게 캐나다 토론토대학에 입학할 수 있었을까? 그에게 독서 동아리 모임은 어떤 의미였을까? 김범주 작가는 본인 스스로도 책과 거리가 있는 학생이었다고 말한다. 하지만 독서 동아리 사람들의 도움으로 점점 자신감을 회복했다. 책을 내고 사람들이 그에게 가장 많이 묻는 질문은 '얼마나 많은 책을 읽었는지' '가장 기억에 남은 책은 무엇인지' 등이다. 하지만 그 질문에 저자는 이렇게 말한다.

"저는 책을 많이 읽지 않았어요. 학생이라 학교 공부도 해야 해서 독서할 시간도 많지 않았거든요. 읽은 책은 얼마 안 되지만 저의 사고와 가치관에 큰 영향을 준 책은 있어요. 그것은 바로 《논어》예요. 아버지와 함께 논어 필사를 한 것이 사고력 향상과 나만의 생각을 갖게 된 계기였어요. 고전은 우리에게 생각할 질문들을 많이 던져주는 것 같아요. 저는 책 읽을 시간이 없는 또래 친구들에게도 권하고 싶어요. 고전을 필사하면 도움이 많이 된다고요. 짧은 시간 대비 효과는 상상을 초월해요."

물론 독서 동아리나 고전을 읽는 것이 반드시 이런 드라마틱한 결과를 가져온다고 단언할 수는 없다. 하지만 이런 평범한 이야기가 좀 더 특별하게 다가온다면 한 번쯤 저자의 방식을 따라 해보고 싶지 않은가? 이미 운영 중인 독서 동아리에서 활동을 시작해도 좋지만 나와 시간이 맞고 마음 맞는 사람들을 모아서 새로운 독서 동아리를 결성해도 좋다. 현재 내가 재직하고 있는 도서관은 2018년도 3월에 개관했다. 당시 5월 가족의 달을 기다리며 행사를 기획하고 있었는데 작가를 초청한 특강 형태도 좋지만 그보다 가족 이야기를 마음껏 꺼낼 수 있는 가벼운 수다 모임을 마련하고 싶었다. 예를 들면 '커피 한 잔과 함께하는 엄마의 가족 수다' '브런치와 함께하는 아빠의 가족 수다' 같은 것들이다.

커피 한 잔으로 쉽게 움직일 것 같지 않은 아빠들을 모객하기 위해 만반의 준비를 했었다. 근처 빵집에서 샌드위치를 사놓고 도서관에서는 커피를 내렸다. 포스터에 "아빠는 슈퍼맨이어야 한다?" "아빠도 울고 싶을 때가 있어요" "일상에 지친 아빠들을 위한 시간"과 같은 문구를 적어 홍보했다. 참여가 적을까 봐 걱정했던 것과 달리 10명의 아빠들이 신청했다. 어색해하는 아빠들의 긴장감을 풀어주려고 자리마다 종이로 만든 명패를 세우고 간단한 앙케트를 진행했다. 이름, 자녀의 나이, 최근 나의 관심 분야, 모임에 참석한 이유 등을 적으며 이야기를 나눴다. 모임을 시작하며 인사를 나눠 보니 대부분 아내의 권유로 왔다고 했다.

모임을 시작했을 때 가장 먼저 묻고 싶은 것은 아빠들 스스로가 '아빠의 존재'를 어떻게 생각하고 있는가 하는 주제였다. 이미지 카드 여러 장을 테이블 위에 펼쳐 놓고 자신의 생각과 일치하는 카드를 고르게 했다. 메모지를 나눠준 뒤 '아빠는 ○○이다. 왜냐하면 ＿＿이기 때문이다'와 같은 문장을 적어보는 시간이었다.

아빠는 중고 서점이다/ 아빠는 대관람차다/ 아빠는 톱니바퀴다/ 아빠는 외롭다/ 아빠는 징검다리다/ 아빠는 나무다/ 아빠는 솔선수범이다… 아빠들이 생각하는 아빠의 정의는 대개 이런 것들이다. 이야기를 들으며 그들이 갖고 있는 무게감을 같이 느꼈던 시간이었다. 그 뒤로도 준비한 프로그램은 이어졌다. 먼저 MBC 예능 프로그램 〈아빠 어디가〉 영상을 같이 보며 아빠와 아이의 대화법에 대해 이야기했다. 상담가 게리 채

프먼이 쓴《5가지 사랑의 언어》를 소개하며 책에 등장하는 사랑의 언어도 공유했다. 그러면서 아이와의 대화뿐 아니라 아내와 어떤 식으로 대화를 나누고 사랑을 표현하는지와 같은 꽤 개인적인 주제로도 깊이 이야기할 수 있었다. 끝마칠 시간이 다가올 무렵, 처음 그 어색함은 온데간데없고 아빠들은 모두 모임 분위기에 젖어 있었다. 이 기회를 놓치지 않고 나는 아빠들에게 제안했다.

"우리 이렇게 한 번 만나고 헤어지기 너무 아쉽지 않아요? 독서 동아리를 만들어서 한 달에 한 번씩 모이면 어떨까요? 평일이 어려우시면 주말 저녁도 괜찮습니다. 저는 퇴근 시간 이후라도 남을 수 있어요."

다들 흔쾌히 동의했고 우리는 그 자리에서 모임 이름을 '아빠의 독설讀說'로 정한 뒤 첫 모임 날짜부터 잡았다. 처음 읽을 책은 대화의 물꼬를 트는 데 도움을 준《5가지 사랑의 언어》였다. 그렇게 시작한 모임은 지금까지 이어져 한 달에 한 번 독서 나눔을 위해 만난다. 이렇게 책을 매개로 만난 아빠들은 꼭 독서를 위해서만이 아니라 각종 마을 공동체 사업, 인문학 행사에 참여하는 좋은 이웃사촌이 되었다.

인문 고전 독서 동아리도 물론 있다. 초등학교 4학년 학생과 엄마들이 함께 책을 읽는 가족 독서 동아리 '고수족古修族(옛것을 배우는 가족들)'이다. 고수족은 초등 4학년으로 한정해 엄마와 같이 고전 읽기에 도전하는 가족 다섯 쌍을 모아 결성했다. 별도 모집 과정을 거치지 않고 알음알음 의견을 나누다 만들어졌다. 평소 인문 고전에 관심이 있는 부모라면 이처럼 이웃들과 가족 독서 동아리를 시작해보는 것도 좋은 방법이다.

- 古(옛 고)修(닦을 수)族(무리 족)=옛것을 배우는 가족들
- 알쓸신고=알아두면 쓸모 있는 신비한 고전

다 같이 《명심보감》을 읽으며 필사하고 있는 인문 고전 독서 동아리 고수족.

동아리 이름 후보가 여럿 있었지만 최종 선정된 것은 고수족이다. 마음이 맞는 사람들끼리 모였을 때 장점이 바로 이런 것들이다. 동아리 이름, 규칙, 모임 횟수, 책 리스트 등을 자발적으로 결정해 나가는 보람이 있다. 보통 첫 모임 때 여러 운영 사안을 결정하게 되는데, 첫 모임 분위

기가 좋으면 이후로도 서로 독려하며 나아갈 수 있는 것 같다. 무엇보다 '고전'이라는 단어가 주는 무게감에 짓눌리지 않을 수 있어 좋다. 소화 가능한 만큼 읽고 이해하고 의견을 나눈다. 고수족의 경우 2주에 한 번 정기 모임을 갖고 1주에 한 번은 카페에 글을 올려야 한다.

최근 읽고 있는 고전은 《명심보감》이다. 아이와 엄마가 각자 글을 올리기 때문에 한 집에 사는 가족끼리여도 마음에 닿는 구절은 다를 수 있다. 예를 들어 《명심보감》 1편 '착하게 살아라'를 읽었다면 10명의 구성원은 가장 마음에 드는 구절을 꼽고 왜 그런지에 대해 이유를 적는다. 주차가 거듭될수록 아이들은 맞고 틀리고를 떠나서 자기 생각을 자유롭게 표현하는 게 익숙해진다. 또 그 깊이감이 더해간다. 엄마와 아이가 서로 다른 생각을 엿보는 과정, 우열을 가릴 수 없는 서로의 마음을 확인하는 과정이 결국 이들에게 독서의 즐거움을 안겨주는 듯하다. 꼭 고전을 읽는 모임이 아니어도 정기적으로 모여 누군가와 책을 읽고 그 의견을 나누는 시간은 고전 독서력을 위한 밑거름이 될 수 있다.

백 번 싸워 백 번 이기는 것이 잘된 것 중에 잘된 용병이 아니며,
싸우지 않고 적을 굴복시키는 용병이 잘된 것 중의 잘된 용병이다.

_《손자병법》 제3편 모공(謀攻)

4장

거북이처럼 끝까지!
우리 가족 고전 읽기

누구나 할 수 있는
고전 독서

학교 현장에 있을 때 인문 고전 독서 교육에 관한 내 신념을 적극 지지하던 교장, 교감 선생님을 만난 일은 지금 생각해도 행운이다. 제아무리 사서라 해도 자기 생각을 프로그램화해 학교 현장에서 시도할 기회가 항상 주어지는 것은 아니기 때문이다. 인문 고전 독서 프로그램을 기획하던 당시 내가 근무하던 학교는 재학생을 대상으로 독서 능력 측정 평가를 실시했다. 과학적으로 타당하고 신뢰성 있게 아이들 독서력을 파악하면 추후 독서 지도 방안을 짤 때도 현실적인 기초 자료가 되기 때문이다.

독서 능력을 측정할 수 있는 검사는 그 종류가 다양하지만 당시 내가 근무하던 학교는 주식회사 낱말(어휘정보처리연구소)에서 개발한 'LQ 독서력 검사'를 택했다. LQ는 라틴어인 독서^{Lectio}와 지수^{Quotient}의 초성을 따 결합한 것으로 '독서 지수'를 의미한다. 서울대학교 김광해 교수의 연구 성과인 '등급별 국어 교육용 어휘' 및 '시소러스(동의어, 반의어, 유의어를 통한 어휘망)' 등 어휘 데이터베이스와 가톨릭대학교 천경록 교수의 '독서 발달 7단계 이론'을 바탕으로 만들어졌다. LQ는 개인의 독서 수준과 흥미, 가치관 등을 과학적으로 판단하는 게 가능하고 어휘력과 독해력 뿐 아니라 스스로가 습득하고 있는 다양한 학문 분야의 이해도를 평가할 수 있다.

건강한 몸을 유지하기 위해 정기적으로 검진하고 적절한 치료나 처방을 받는 것처럼 독서 교육도 마찬가지다. 개개인에 맞춰 이행해야 하고 정기적인 평가와 시기별로 지도 방안을 바꾸는 등 전략이 필요하다. 그래서 프로그램을 시작하기 전 전국 단위 표준화 검사로 아이들의 상태를 파악한 것이다. 독서 교육을 진행하면서도 정기적으로 아이들 독서력을 체크했다. 학년 초와 학년 말 객관적이고 정확한 문항의 검사지로 각각 두 번씩 실시했는데 이때 갓 입학한 1학년의 경우 학기 초는 건너 뛰고 학년 말에만 평가했다.

독서 능력 측정 평가는 어찌 보면 인문 고전 독서와 크게 연관이 없어 보이지만 아이들의 독서 능력 수치를 비교하며 프로젝트를 진행하다 보면 꽤 유용한 자료가 된다. 물론 자료 결과를 일반화할 수는 없지만 이 변화를 통해 인문 고전 독서가 초등 아이들의 독서 능력을 분명히 향상시키고 있음을 확인할 수 있다. 특히 검사 결과 값을 수준 이하, 평균, 수준 이상 3개 등급으로 나누었을 때 수준 이하 그룹에 속한 학생들이 가장 큰 폭(227점 상승)으로 실력이 나아졌다. 참고로 평균(약 50% 학생)에 해당하는 점수는 350~630점이다.

당시에는 사실 객관적인 수치보다 인문 고전 독서를 진행하는 학생들 느낌이나 반응이 더 궁금했다. 그래서 간단한 설문으로 교육 이후 고전 독서에 흥미가 생겼는지, 앞으로 또 이런 교육을 받고 싶은지, 가장 즐거웠던 활동은 무엇인지 등을 물었다. 인문 고전 필사나 아침 20분 고전 읽기가 일상생활이나 학습에 도움이 되었는지, 인문 고전 내용을 이해하는 데 어려움은 없었는지, 어떤 프로그램이 고전 내용을 이해하는 데 가장 유용했는지 등도 같이 조사했다.

다행히 학생들은 거의 모든 항목에서 긍정적인 반응을 보였다. 이를 통해 아이들은 어른들이 걱정하는 것보다 고전을 부담 없이 자연스럽게 받아들인다는 사실을 알 수 있었다. 그러니 아이가 지루해하지는 않을지, 어려워서 지레 포기하지 않을지 미리 걱정할 필요는 없다. 고전 독서를 진행하며 변화를 직접 목격한 나는 초등학생 자녀를 둔 부모에게 이 분야의 독서를 거듭 강조하곤 한다. 그럴 때마다 아쉽게도 독서 방법을 실천하고 있는 학교를 알아볼 수도 없고 이런 부분을 알려줄 사교육

기관도 마땅치 않다는 대답이 돌아온다. 이 책을 집필한 가장 큰 계기도 이런 답답함에 조금이나마 도움이 되고 싶어서였다. 인문 고전 독서 교육은 학교 차원에서 실시하지 않아도, 특별한 선생님이나 기관이 없어도 누구든 부모와 곧장 책 읽기를 시작할 수 있다. 그 방법을 차근차근 알려주려 한다.

공공 도서관에서 근무하고 있는 나조차도 특별한 방법으로 인문 고전 독서를 실천하고 있지는 않다. 다만 인문 고전을 읽고자 하는 사람들이 삼삼오오 모여 동아리를 이룰 수 있도록, 책 읽기 모임이 성사되어 유지될 수 있도록 불씨를 지피고 독려하는 일이 내 역할이라 생각할 뿐이다. 신기한 일은 책 읽기를 그토록 원했던 사람들은 모임 안에서 주체적으로 답을 찾아간다는 것이다.

앞서 소개한 4학년 아이들과 학부모 고전 읽기 모임을 예로 살펴보자. 이들은 처음 읽을 책으로 《명심보감》을 선택했고 엄마와 아이가 각자 같은 책을 구입했다. 이는 누가 누군가를 일방적으로 가르치기 위함이 아닌 고전을 '자기만의 것'으로 소화하기 위한 장치였다. 기본적인 동아리 활동은 온라인 카페 형식으로 운영했는데 그 공간에 각자의 생각을 글로 옮기며 소통했다. 오프라인 모임은 2주에 1회 모이는 것이 기준이었다. 투표를 통해 만들어진 동아리 규칙은 다음과 같다.

1. 《명심보감》을 일주일에 1편씩 읽는다.
2. 가장 마음에 와닿는 구절과 그 이유를 주 1회 카페에 올린다.
3. 아이들이 올린 모든 글에 참여 엄마들 모두 댓글을 달아준다.
   (격려와 지지 차원)
4. 장난스러운 말투나 이모티콘 대신 진심을 담은 격려의 글 혹은 느낀 점을 댓글로 표현한다.
5. 글의 내용이나 형식에 대해서는 평가하지 않는다.
6. 5주 동안 고전 독서를 유지하고 6주차에는 휴식 주간을 갖는다.

처음 시작했을 때 엄마들은 자신의 아이가 올린 글과 다른 집 아이가 올린 글을 비교하느라 바빠 보였다. 다른 집 아이들은 잘 쓰는데 우리 집 아이만 간단하게 적고 깊이 생각하지 않는 듯 느껴졌던 것이다. 하지만 시간을 거듭할수록 상황은 달라졌다. 아이들이 책에 몰입할수록 구절에 대한 감상 내용도 진지해졌고 깨달음의 폭도 넓어졌다. 무엇보다 고전 자체에 대한 거부감이 점점 옅어졌다. 이렇게 '고전'이라는 책 분야를 어렵고 지루하게 느끼지 않는 것 자체가 큰 수확이다.

온라인 카페에 글을 남기는 과정 외에는 각자 가정 형편에 맞게 독후 활동을 진행하게 했는데 어떤 집은 고전 내용 전체를 필사했고 온라인 기록과 마찬가지로 마음에 와닿는 구절만 적는 경우도 있었다. 어떤 가족은 책을 읽을 때 낭송을 함께했다고 한다. 이렇게 방법을 달리한 이유는 유난히 글을 쓰는 과정을 싫어하는 아이도 있고 소리 내 책 읽는 과정을 남들보다 즐기는 아이도 있기 때문이다. 어느 것이 가장 좋은 방법이라 장담할 수는 없지만 서로 다른 진행 방식도 독려와 자극이 될 수 있다.

인문 고전 독서 동아리의 생생 후기

《명심보감》을 읽은 지 한 달이 지난 상태에서 참여 중인 아이들(초등 4학년), 엄마들이 이 책을 어떻게 느끼고 있는지 살펴봤다. 지금까지 읽은 부분 중 짱 좋았던 구절(짱구)을 고르게 하고 이유를 들어본 뒤 각자에게 '나에게 명심보람이란?'이라는 질문을 던졌다.

《명심보감 》| 추적 엮음 | 백선혜 옮김 | 홍익 펴냄

▌ 인문 고전 독서 동아리 '고수족' 아이들의 글

～～～	김시후
짱구	3편 4장 때를 만나면 왕발이 순풍을 타고 하룻밤에 칠백 리를 가서 등왕각의 서문을 지어 천하의 이름을 날리듯 잘 풀리고, 운수가 나쁘면 어떤 사람이 탁본하러 천신만고 끝에 수천 리를 갔지만 그날 밤 천복비에 벼락이 쳐서 비석이 깨지듯이 온갖 노력에도 불구하고 일이 수포로 돌아간다.

이유	나는 이 글이 제일 좋았다. 힘든 노력에도 망하기도 하고 성공하기도 한다. 그래도 운명은 운명이니까 도전도 해보고, 포기하지 말고 어려운 일도 해봐야 된다. 난 이 글을 읽고 어려운 일을 실천해봐야 하나 안 해봐야 하나 복잡했다. 그렇지만 이제는 안다. 어렵고 실패할 수 있어도 내가 해야 할 중요한 일은 해야 된다는 것을. 어려운 일이라고 아무것도 안 하는 것보다 해보는 게 더 낫다. 명심보감에는 복잡한 글이 많이 나오지만 차근차근 읽어보면 배울 점이 많다.
나에게 명심보감이란?	나에게 명심보감이란 사전이다. 왜냐하면 명심보감이 사전처럼 많은 지식으로 찼기 때문이다.

~~~~~~ 박태린

짱구	4편 1장 아버님 나를 낳으시고 어머님 나를 기르셨네. 슬프고도 슬프구나 우리 부모님 나를 기르느라 애쓰셨다네. 그 큰 은혜를 갚으려 해도 하늘처럼 높고 높아 끝이 없다네.

이유	이 구절을 보면서 은혜를 갚으려면 너무 높아서 다 갚지 못하면 어떻게 하나 하는 생각이 들었다. 다 갚아야 되지 않을까도 생각했다. 엄마 아빠가 나를 낳으시고 키우느라 힘드셨을 것 같다. 그리고 많은 사랑으로 키워주신 것 같아 행복하다.
나에게 명심보감이란?	나에게 명심보감은 선생님이다. 왜냐하면 내가 노력해야 하는 것을 알려주기 때문이다.

~~~~~ 신주원

쨍구	1편 2장 착한 일은 아무리 작더라도 반드시 하고 나쁜 일은 아무리 작더라도 결코 하면 안 된다.
이유	나는 착한 일이라도 작은 것은 안 하는데 '작아도 해야겠다'라는 생각이 들었다.
나에게 명심보감이란?	나에게 명심보감이란 햄버거다. 왜냐하면 처음에는 안에 무엇이 있는지 모르지만 안은 지식으로 꽉 찼기 때문에.

~~	**안세린**

짱구	1편 2장 착한 일은 아무리 작더라도 반드시 하고 나쁜 일은 아무리 작더라도 결코 하면 안 된다.
이유	이 글을 읽고 '나쁜 일은 절대 하지 말고 착한 일은 끝까지 최선을 다해야 한다'는 것을 깨달았다.
나에게 명심보감이란?	명심보감은 다이아몬드다. 왜냐하면 다이아몬드가 예전에도 지금도 앞으로도 귀하고 빛나는 보석이듯 명심보감도 예전에도 지금도 앞으로도 계속 적용되기 때문이다.

~~	**정예주**

짱구	1편 8장 나를 착하게 대하는 사람에게 나도 착하게 대하고 나를 나쁘게 대하는 사람에게도 역시 착하게 대하라. 내가 그 사람을 나쁘게 대하지 않았다면 그 사람도 나에게 나쁘게 대하지 않는다.
이유	이 글을 읽는 순간 나는 '난 나한테 나쁘게 하는 사람은 나쁘게 대하고, 착하게 대하는 사람에게는

착하게 대했는데…' 하는 생각이 들었다. 그런데 이 글을 읽고 마음이 바뀌었다. 8장에 쓰인 대로 하는 게 내가 했던 방식보다 더 낫다는 생각이 들었기 때문이다.

나에게 명심보감이란?	나에게 명심보감은 노는 것이다. 왜냐하면 노는 것처럼 재미있기 때문이다.

📕 인문 고전 독서 동아리 '고수족' 엄마들의 글

장월영(김시후 엄마)	
짱구	1장 8편 나를 착하게 대하는 사람에게 나도 착하게 대하고 나를 나쁘게 대하는 사람에게도 역시 착하게 대하라. 내가 그 사람을 나쁘게 대하지 않았다면 그 사람도 나에게 나쁘게 대하지 않는다.
이유	내가 잘하면 나를 나쁘게 대하는 사람은 드물거나 없을 가능성이 크므로 생활 속에서 꾸준한 노력과 실천을 해나가야겠다는 생각이 들었다.

나에게 명심보감이란?	나에게 명심보감은 과외 선생님이다. 내가 아들에게 알려주고 싶었던 이야기들이 가득 담겨 있기 때문이다.

김아람(박태린 엄마)

짱구	5편 4장 다른 사람에게 비방을 듣더라도 화내지 마라. 다른 사람에게 칭찬을 듣더라도 좋아하지 마라.
이유	남의 비방에 대해 듣더라도 기분 나빠하지 말고 반성하는 기회로 삼고 칭찬 또한 되새김의 기회로 삼아야 할 것 같다.
나에게 명심보감이란?	나에게 명심보감은 안내 표지판이다. 인생의 갈림길에서 혹은 앞이 보이지 않을 때 바른길로 갈 수 있게 안내해주기 때문이다.

김지나(신주원 엄마)

짱구	3편 2장 모든 일은 분수가 이미 정해져 있는데 세상 사람들은 부질없이 자기 혼자 바쁘게 움직인다.

이유	사람의 운명이 하늘의 뜻으로만 흘러갈까? 나다움을 찾으려면 '나'에서 시작해야 한다. 하늘의 뜻으로만 살 것인지 내 뜻으로 살 것인지 하는 결정도 내가 내린다. 어떤 뜻이든 결정과 책임은 나의 몫이다.
나에게 명심보감이란?	나에게 명심보감이란 올해의 지침서이다. 왜냐하면 올해 모든 게 혼돈인 상황의 내게 삶의 방향을 알려주고 있기 때문이다.

유태진(안세린 엄마)

짱구	1편 2장 착한 일은 아무리 작더라도 반드시 하고, 나쁜 일은 아무리 작더라도 결코 하면 안 된다.
이유	너무 쉽고 기본적인 말임에도 불구하고 실천하기가 쉽지 않은 듯하다.
나에게 명심보감이란?	명심보감은 장미꽃이다. 장미꽃은 아름답고 진한 향기를 지닌 반면 날카로운 가시가 있듯이, 명심보감이 나에게 주는 깨달음은 장미의 향기처럼 아름답지만 때때로 날카

로운 가시로 쿡쿡 찌르는 듯 내 자신을 반성하게
만든다.

	이정현(정예주 엄마)
짱구	1편 6장 돈을 모아 자손에게 남겨 줘도 자손이 다 지켜내지 못한다. 책을 모아 자손에게 남겨 줘도 자손이 다 읽지 못한다. 남 몰래 착한 일을 많이 쌓아 자손을 위하여 앞날을 계획하는 일이 훨씬 낫다.
이유	착한 일을 하라는 것이 막연할 수도 있고 요즘 시대에 맞지 않는다고 생각했는데 이 글을 읽으니 지혜롭고 현명하게 살라는 것 같아서 좋았다. 돈, 지식을 지키려고 아등바등 살기보다 지혜롭게 덕을 쌓으면 그 모습이 아이들에게 복으로 되돌아오리라 생각된다.
나에게 명심보감이란?	나에게 명심보감이란 흰 종이다. 왜냐하면 지금은 백지 상태이지만 한 편씩 배워나가면 채워지기 때문이다.

읽히지 말고 같이 읽어야 할 고전

고전에 대한 가장 흔한 편견은 아마도 '어렵다'는 인식일 것이다. 또한 부모와 아이가 함께 읽기를 권하면 마치 연장자가 가르쳐야 한다고 생각하기 쉽다. 그래서 많은 부모들이 고전 읽기를 앞두고 자신이 먼저 내용을 읽다가 지레 포기하고 마는 것이다. '괜히 같이 읽자고 했다가 아이의 질문에 대답을 못하면 어쩌지?' 하는 불안이 엄습하면 쉽게 사라지지 않으니 말이다.

《톰 소여의 모험》을 쓴 소설가 마크 트웨인은 고전에 대해 "누구나 한 번은 읽었다고 생각하지만 사실은 제대로 읽는 사람이 별로 없는 책"이라는 재치 있는 말을 남겼다. 제목을 하도 들어서 읽었다고 착각하거나 대략 줄거리만 건너건너 듣고서 마치 이 책을 음미했다고 생각하는 경우를 의미하는 것 같다. 하지만 제대로 읽지 않아서 오히려 더 막연하고 어렵게 느껴질 수도 있다. 바꿔 말하면 한 번이라도 제대로 읽으면 '도저히 뛰어넘을 수 없는 장벽' 같은 책은 아닐 수도 있다는 얘기다.

학교 현장에서 아이들과 고전 독서를 시작했을 무렵, 나 역시 고전 독서가 처음이었다. 그게 벌써 9년 전이니 지금보다 더 고전을 배울 스승도 기관도 드물었던 때다. 나는 내 바닥이 드러날까 걱정하기보다 그냥 아이들에게 내 한계를 드러내는 쪽을 택했다.

"부끄럽지만 선생님도 논어가 처음이야. 선생님은 이제야 읽는 책을 너희들은 초등 6학년 때 읽다니 정말 대단하다. 우리 같이 열심히 읽어 보자!"

그렇게 같이 읽고 느끼자며 시작한 고전 독서. 당시 중학교 2학년인 큰딸에게도 고전 필사를 권하며 우리 가족도 나름의 방식으로 고전 읽기를 시작했다. 물론 남편도 나처럼 고전을 처음 시작하는 단계였다. 고전 독서 준비 기간을 오래 두기보다 일단 시작하는 쪽을 택했는데 그에 앞서 고전 독서의 필요성에 대해서는 아이들에게 충분히 설명하긴 했다. 고전을 비중 있게 다루는 해외 몇몇 대학의 사례, 고전을 애독한 사람들이 장차 어떻게 성장했는지 등을 설명한 이유는 동기를 부여하기 위해서였다. 우리가 읽고자 했던 동양 고전은 장기간 읽어 나가야 하므로 '왜 읽어야 하는지'를 알지 못하면 중간에 포기하기 쉽다. 그렇기에 아이들이 가지는 고전에 대한 편견을 없애주는 일은 무엇보다 중요하다.

아침 시간을 활용해 20분 정도 아이들과 고전을 읽을 때는 적절한 시청각 자료를 활용하는 것도 꽤 유용했다. 가령 《채근담》 전집 5, 6장은 각각 '충고를 잘 들을 줄 알아야 한다' '마음에 여유가 있어야 한다' 등의 의미를 전하고 있는데 이때 나는 〈어린이 조선일보〉에 실린 짧은 네 컷 만화(코너명: 뚱딴지)를 자료로 사용했다.

출처 | 어린이조선일보(2012.08.20)

이 짧은 만화 속 대화를 읽으며 나는 아이들과 채근담 5, 6장에 대해 얘기를 나누기로 마음먹었다. 남자아이의 충고를 귀담아 듣는 여자아이의 모습, 또 마음의 여유를 가진 남자아이의 심성이 인상 깊게 다가왔기 때문이다. 먼저 여자아이의 마지막 말, "네 말을 듣고 보니 듣기 괜찮은데…" 부분을 지우고 만화를 복사했다. 그런 다음 아이들에게 종이를 나눠주고 내가 만약 이 여자아이였다면 뭐라고 답했을지, 그렇게 말한 이유는 무엇인지를 질문했다. 또 누군가에게 충고했던 경험과 충고를 들었던 경험, 그때의 기분을 나눠보기로 했다. 독서 나눔을 위해 일부러 자료를 찾았던 것은 아니지만 때때로 이렇게 뜻하지 않게 딱 어울리는 자료를 발견하기도 한다. 이런 기회를 놓치지 않고 잘만 활용하면 내용을 더 깊이 이해할 수 있다.

동아리 모임 혹은 가족끼리 고전 독서를 계획하는 이들에게 내가 가장 추천하는 방식은 편지 나눔이다. 실제로 큰딸과 남편은 《논어》를 같이 읽으며 편지로 독서 감상을 나눴다. 그때 모아둔 편지 자료를 독서 모임 사람들에게 몇 편 보여주며 방식 중 하나로 소개하곤 한다. 앞서 소개한 초등 4학년 아이들과 엄마들로 구성된 고수족 동아리 온라인 카페에도 이 편지를 샘플로 제시했는데 구체적인 예를 본 엄마들이 쉽게 감을 잡았다.

편지 샘플은 총 두 번 제공했다. 막 독서 모임을 시작했을 때 한 편을 공개했고 모임이 한참 진행된 이후 딸아이와 남편의 마지막 편지 내용을 다시 온라인 카페에 올렸다. 《논어》 마지막인 20편에 대한 소감을 나눈 편지, 제목에 '대망의 마지막'이라 적혀 있었다. 이는 독서 모임에 참여하는 사람들이 《명심보감》을 끝까지 다 읽은 날을 상상할 수 있도록 장치를 마련한 것이다. 독려의 의미였지만 다른 면으로도 자극이 되었던 모양인지 다음에는 아빠와 진행해봐도 좋겠다, 아빠들도 가끔 들여다보라고 해야겠다 등 반응이 뜨거웠고 아이들은 자기들도 이렇게 끝까지 완주해보고 싶다며 즐거워했다.

이쯤 해서 고전 독서에 대한 또 다른 오해도 짚고 넘어가려 한다. '고전'이라 부르는 책을 단순히 읽었다고 해서 무조건 '고전 독서'라고 볼 수는 없다. 한 예로 새해가 되면 인문 고전 독서에 대한 중요성이 재차 강조되며 매일 조금씩 고전 읽기를 새로 각오하는 사람들이 늘어난다. 이로 인해 SNS 채널에는 도전과 계획, 책 이미지 등이 같이 올라오곤 하는

데 이때 나는 안타까움을 느낀다.

가장 먼저는 책의 선정이다. 가령 《피노키오》라는 책은 이탈리아 아동문학사를 빛낸 작품 중 하나로 꼽히는 고전이다. 그러나 같은 제목이라 해도 역자에 따라, 번역본인지 축약본인지에 따라 책 두께며 내용 등에 차이가 있다. 어떤 판본은 총 페이지가 14쪽이고 가장 두꺼운 책은 300쪽에 달하는 장대한 이야기이다. 14쪽 혹은 32쪽으로 축약된 《피노키오》를 읽고 고전 문학 한 권을 다 이해했다고 할 수는 없는 법이다. 제목만 고전인 작품이 아니라 완역본인지 아닌지 그 여부를 먼저 따져보길 바란다.

텍스트의 길이를 떠나서 고전 읽기의 가장 중요한 전제가 빠져 있는 것도 문제로 볼 수 있다. 우리는 오랫동안 많은 이들에게 널리 읽힌 모범이 될 만한 문학 및 예술 작품을 '고전'이라 칭한다. 과거 한 세계를 풍미했던 이 고전 작품을 제대로 해석하기 위해서는 '독서를 통해 그 세계와 교섭하려는 자세'가 필수 조건이다. 앞서 고전 독서를 위해 필사, 편지, 낭송 등 다양한 방법을 제시한 것도 이 때문이다. 아이들이 고전을 읽으며 자기에게 질문을 던지는 일, 앞으로 어떻게 해야겠다 다짐하는 현상, 이 구절을 오래오래 기억하고 싶다는 바람을 갖게 된다. 이런 것들은 고전 독서로 얻을 수 있는 결과, 즉 '인문학적 상상'이다.

물론 고전 독서가 쉽지 않은 길임은 안다. 특히 요즘처럼 디지털 기기가 만연한 사회에서는 유혹도 그만큼 많을 것이다. 혼자 독서를 시작했다면 계획을 유지하는 일은 배로 더 힘이 들지도 모른다. 가족 단위, 친구 단위로 고전을 읽어 나가라고 권하는 이유도 이 때문이다. 포기하고 싶은 순간을 잘 참아내면 더 달콤한 열매가 기다리고 있다. 피겨 스케이팅의 전설 김연아 선수가 언젠가 이런 말을 했다.

"99도까지 열심히 온도를 올려놓아도 마지막 1도를 넘기지 못하면 영원히 물은 끓지 않는다고 한다. 물을 끓이는 건 마지막 1도, 포기하고 싶은 바로 그 1분을 참아내는 것이다. 이 순간을 넘어야 그다음 문이 열린다. 그래야 내가 원하는 세상으로 갈 수 있다."

고전 읽기를 시작했거나 시작하고 싶은 친구들 혹은 부모들에게 이 말을 들려주고 싶다. 한 걸음 더 성장하고 싶다면 그다음 문이 열릴 때까지 참아낼 수 있어야 한다.

논어와 명심보감을 집으로 초대한 가족들

《식탁 위의 논어》라는 책이 있다. 이 책의 저자는 중국 고전 번역에 상당한 업적을 쌓아온 서울대학교 중어중문학과 송용준 교수다. 송용준 교수는 이미 대학을 졸업하고 직장인이 된 두 딸과 밥을 먹으며 논어를 논한 내용을 책으로 출간했다. 처음 논어 읽기를 제안한 쪽은 엄마였다. 가족끼리 모여 일주일에 밥 한 번 먹기도 힘든 현실이 이어지자 이를 개선하려는 시도였다. 다 같이 밥을 먹으며 즐거운 대화를 나누는 게 원래 목적이었지만 기왕이면 논어를 같이 읽고 일상 속 소소한 대화를 나눠보자는 의견이 나와 진짜로 다 큰 자녀들과 함께 《논어》를 읽기 시작했단다.

중국 고전 문학을 전공한 아빠의 논어 강의는 혼자 듣기 아까울 정도로 훌륭했다. 그래서 딸은 아빠 몰래 녹음을 했고 급기야 아빠를 설득해 팟캐스트에 올리게 된다. 이렇게 공개된 '식탁 위의 논어' 콘텐츠는 그해 팟캐스트 인문학 분야 1위까지 오르면서 결국 책으로 출간되었다. 이 가족의 인문학적 대화를 보며 '아빠가 전문가이기 때문에 가능한 일이다'라고는 생각하지 않았으면 좋겠다. 실제로 고전 도서는 근대 이후 모든 사람이 읽을 수 있도록 개방되었다. 그 이전에는 소수 지식인만 누릴 수 있는 특권과도 같았지만 지금은 신분 사회나 그에 따른 체계가 존재하지 않으며 무엇보다 사람들의 기초 학력이 높아지면서 내용을 이해하는 데도 무리가 없다. 특히 동양 고전은 고려·조선 시대에 학동부터 선비, 심지어 과거에 급제한 관직자까지 널리 읽었다고 알려져 있다.

《식탁 위의 논어》를 통해 나는 사람들에게 '가족이 함께 읽는 고전'을 추천한다. 팟캐스트를 들어보면 알겠지만 이 가족이 고전을 읽고 나눈 이야기는 누가 누구를 가르치는 일방적인 강의 형식이 절대 아니다. 짧은 구절을 같이 읽고 소소한 깨달음을 나누는 것만으로 충분히 고전 토크가 가능하다. 엄마, 아빠, 초등 두 자녀로 구성된 다른 가족의 《명심보감》나눔을 예로 제시한다. 아래 대화를 살피면 가족 고전 읽기가 결코 부담스러운 시간이 아님을 깨달을 수 있다.

《명심보감》1편 착하게 살아라

1편에서 아빠 마음에 가장 와닿았던 구절

4장

착한 일을 보거든 목마른 사람이 물을 마시듯이 하고,

나쁜 일을 듣거든 귀머거리가 된 듯이 하라.

또 착한 일은 욕심을 부려 하고 나쁜 일은 즐거워하지 말라.

_ 태공

"아빠는 1편을 읽으면서 모든 내용이 다 좋았지만 특히 4장이 좋았어. 목마를 때 물을 어떻게 마셨나 생각해보면 벌컥벌컥 단숨에 많은 양을 들이켜잖아. 그런데 착한 일을 보았을 때는 목마른 사람이 물을 마시듯이 하지 못했다는 생각이 들었단다. 또 나쁜 일을 듣게 되면 소문을 내겠다는 의도는 아니었지만 다른 사람에게 전하던 모습이 생각나서 부끄러웠어. 앞으로는 착한 일을 하는 것에는 욕심을 내고 나쁘다고 생각되는 일에는 근처에도 가지 말아야겠다는 생각이 들더구나."

1편에서 엄마 마음에 가장 와닿았던 구절

6장

돈은 모아 자손에게 남겨 줘도 자손이 다 지켜내지 못한다.

책을 모아 자손에게 남겨줘도 자손이 다 읽지 못한다.

남몰래 착한 일을 많이 쌓아 자손을 위하여

앞날을 계획하는 일이 훨씬 더 낫다.

_사마온공

"엄마도 1편 '착하게 살아라'를 읽으면서 많은 생각을 했어. 그동안 뉴스에서 대기업 가족들이 권력과 재산 때문에 서로 다투는 모습을 보면 혀를 끌끌 찼거든. 우리 집은 남겨줄 재산도 많이 없지만 돈을 물려주는 것이 너희들을 위하는 것이 아니라는 사실을 다시 한번 깨달았단다. 돈을 물려주면 당장 몇 년간은 풍족하겠지만 결국은 지켜내기 어려울 거야. 차라리 우리 가족이 이렇게 함께 고전을 읽고 이야기를 나누는 가족만의 풍속을 남겨주는 게 훨씬 큰 유산이라는 생각이 들더라. 그리고 자녀는 부모의 뒷모습을 보고 자란다고 하는데, 부끄럽게도 다른 사람들을 돌아보며 살지 못했던 것 같아. 엄마가 할 수 있는 타인을 위한 착한 일을 찾아보고 실천해야겠다고 생각했어."

1편에서 딸 마음에 가장 와닿았던 구절

8장

나를 착하게 대하는 사람에게 나도 착하게 대하고

나를 나쁘게 대하는 사람에게도 역시 착하게 대하라.

내가 그 사람을 나쁘게 대하지 않았다면

그 사람도 나에게 나쁘게 대하지 않는다.

_장자

"저는 나를 착하게 대하는 사람한테는 저도 착하게 대하고 나를 나쁘게 대하는 사람에게는 역시 나쁘게 대했어요. 또 그게 당연하다고 생각했고요. 그런데 명심보감에서는 나를 착하게 대하는 사람에게나, 나쁘게 대하는 사람에게나 다 착하게 대하라고 해서 처음에는 이해가 잘 안 되었어요. 그런데 바로 뒷부분에서 내가 그 사람을 나쁘게 대하지 않았다면 그 사람도 나에게 나쁘게 대하지 않는다는 글을 읽으면서, 어떤 사람이 나를 대하는 방식이 반드시 그 사람 탓은 아니라는 것을 깨달았어요. '저 사람이 나한테 왜 이러지?' 하는 생각이 들면 앞으로는 '내가 그 사람을 잘못 대했나?' 하고 먼저 저를 돌아봐야겠다는 생각이 들었어요."

1편에서 아들 마음에 가장 와닿았던 구절

10장

착한 일을 보거든 자신은 아직도 부족한 듯이 하고

나쁜 일을 보거든 끓는 물을 만지듯이 하라.

_ 공자

"예전에 한번 컵에 뜨거운 물이 담겨 있는 줄 모르고 컵을 덥석 잡았다가 너무 놀라서 컵을 깨뜨릴 뻔한 적이 있어요. 뜨거운 물을 직접 만진 것도 아니고 컵을 잡았을 뿐인데도 너무 뜨거워서 놀랐는데 끓는 물을 어떻게 만질 수 있겠어요? 그런데 1편 10장에서는 나쁜 일을 보거든 끓는 물을 만지듯이 하라는 문구를 보고 웃음이 나왔어요. 그냥 '나쁜 일을 절대로 하지 마라'는 말보다 훨씬 더 깊이 있게 다가왔어요. 그리고 저는 조금만 착한 일을 하면 엄마에게 자랑하느라 으스댔는데 착한 일을 보거든 자신은 아직도 부족한 듯이 하라는 글을 읽으면서 제가 갈 길이 한참 멀었구나 생각했죠. 요약하면 착한 일은 계속 많이 하고 나쁜 일은 하지 말라는 건데 머릿속으로 많은 생각이 드는 것 같아요."

이처럼 가족이 책을 다 같이 읽고 내용을 필사하며 소감을 나눈다면 더할 나위 없이 좋을 것이다. 가족이 함께 독서하는 습관은 아이가 자랐을 때 좋은 기억으로 남기 쉽다. 매년 행하는 독서 실태 조사에서도 부모가 자녀 독서에 관심이 많을수록 아이는 좋은 독서 습관을 가지고 있을 확률이 높았다. 여기서 말하는 좋은 독서 습관이란 아이가 독서 자체에 호의적인 태도를 갖고 자발적으로 책을 가까이하려는 태도를 의미한다. 아이들의 읽기 능력 발달에 부모와의 상호작용이 지대한 영향을 미친다는 사실은 이미 수많은 연구를 통해 입증된 사실이다.

가족 독서 프로그램이 아이들 책 읽기에 어떤 영향을 주는지 살펴 연구 결과(종광희, 2012)를 하나 소개한다. 초등 3학년 아이들과 부모들에게 총 10회에 걸쳐 가족 독서 프로그램을 진행하게 했는데 읽기 태도 점수가 89.30으로 비교 집단에 비해 평균 15.7점 더 높았다. 물론 프로그램 초반에는 아이들이 의무적으로 참여하는 듯한 인상, 독서 관련 기록에 모범 답안을 적으려는 태도 등을 보였지만 회차를 거듭할수록 아이들은 자신의 생각과 느낌을 자유롭게 표현했다. 또한 가족 독서 프로그램 후반에 진행한 설문 조사에서 '재미있는 책을 많이 읽게 되었다' '책 읽기가 즐거워졌다' '가족과 함께 독후 활동을 하면서 책 내용을 자세히 알게 되었다' 등 긍정적인 답변 비율이 높았다.

이 프로그램에서 시도한 독후 활동은 가족이 함께 모여 책을 읽고 토의하고 주제를 고려해 역할극을 해보는 수준으로 결코 어려운 일이 아니었다. 특별한 노하우를 요하지 않으며 아이와 즐겁게 놀이하는 느낌으로 접근하면 되는 방식들이다. 많은 부모들이 유아기 자녀와는 더 편하고 장난스럽게 놀이를 진행한다. 그림책을 읽어주며 책 속에 등장하는 주인공을 흉내 내거나 가령 동물이 등장하면 말투나 울음소리를 똑같이 따라 해 아이들을 웃게 한다. 그런데 아이가 초등학생이 된 이후로는 '함께하기'보다 아이 스스로 알아서 하기를 원한다. 여기서 다시 권하고 싶다. 초등 6년 기간이 유아기 시절보다 더 중요하다. 아이와 함께하는 물리적인 시간이 줄더라도 하루 잠깐 짬을 내 매일 같은 책을 읽어나가는 습관을 유지해보자.

가족 고전 독서,
효율적으로 진행하려면

가족 독서, 그중 가족 고전 독서의 효율을 높이려면 어떤 장치가 필요할까? 이번에는 가족 고전 독서를 매끄럽게 진행하기 위해 알아두어야 할 몇 가지 사항을 소개하려 한다. 앞서 인문 고전 독서를 실천할 때 읽기 전, 읽는 도중, 다 읽은 후 세 단계에서 다양한 전략이 필요하다는 말을 한 바 있다.

이 과정을 단계별로 살펴보기에 앞서 꼭 당부하고 싶은 말이 있다. 지금부터 소개할 내용이 무조건 정답은 아니라는 것, 그리고 이 방법론적인 것들이 특별한 기술이나 능력을 요구하지는 않는다는 점이다. 단지

'고전'이라는 학문이 가진 심미적인 측면을 보다 깊이 이해하기 위한 장치일 뿐이니 부담은 갖지 말자. 가족 구성원 모두가 고전 독서에 더 잘 집중할 수 있게, 내 삶과 책 내용을 분리하지 않고 살펴볼 수 있게 도와줄 방법 정도로 이해하면 좋겠다.

읽기 전, 책 선정과 구체적인 계획 세우기

함께 읽을 책 선정하기

고전 독서의 필요성을 서로 공감했고 가족 모두가 읽어보기로 결심했다면 제일 먼저 적당한 책을 선정해야 한다. 이 책에서는 고전의 시작을 '동양 고전'으로 권했으니 우선 《논어》《채근담》《명심보감》《소학》 등 여러 작품 중 어느 것을 고를지 고민이 필요하다. 이때 부모는 아이들에게 책에 대한 사전 정보를 충분히 줘서 흥미를 유도할 필요가 있다.

아이가 하나를 택하면 그때는 같은 제목을 단 여러 책 중에 어느 것을 읽을지 택해야 한다. 아이 눈높이를 고려해야 하는 만큼 같이 서점에 가서 고르면 좋겠지만 선택지가 많아서 오히려 곤란할 수도 있다. 시중에는 똑같은 제목이라도 출판사마다, 또 구독 연령층에 따라 축약본, 각색본, 완역본 등 다양한 판본이 존재하기 때문이다. 편집 방식, 분량 등 많은 면에서 차이가 있으니 혼란이 과중될 것 같다면 엄마 아빠가 미리 도서관에서 몇 권을 빌려와 가족끼리 의논하며 골라도 좋다.

부모와 아이 모두에게 잘 맞는 책을 골라야겠지만 처음 시작하는 고전 읽기라면 선택권을 자녀에게 주도록 하자. 결정 단계부터 본인이 주체가 되어야 이 프로젝트가 타의가 아닌 자의임을 확실히 느낄 수 있다. 텍스트는 지나치게 쉬워도 반대로 어려워도 안 되기 때문이 아이가 직접 읽은 뒤 의견을 반영한다.

함께 읽을 고전이 정해졌다면 개인적으로는 고전 독서에 동참할 가족 수만큼 책을 사길 권한다. 책 첫 장에 읽기 시작한 날짜를 적고 각자 서명을 하는 것도 좋다. 자기 소유가 되는 순간 이 책은 더 특별해진다. 그 이후로도 나름의 방식으로 손때를 묻히는 방식을 추천한다. 책 읽기를

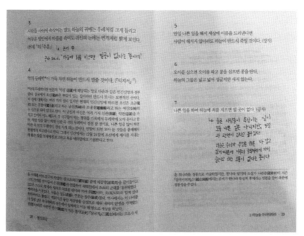

둘째 딸 성은이가 초등학교 6학년 때 읽은 명심보감 지면.

시작할 때 마음먹은 다짐을 어딘가에 적어두고 마음에 드는 구절은 형광펜으로 밑줄을 긋고 스티커로 표시하는 등 다양한 방법이 있을 것이다.

앞의 사진은 둘째 딸 성은이가 초등학교 6학년 때 읽은 《명심보감》 지면이다. 2편 '하늘을 두려워하라'를 읽으며 딸아이가 책 귀퉁이에 메모를 남긴 모양이다. 이렇게 자기만의 방식으로 책을 읽고 정리하다 보면 시간이 아무리 흘러도 이 책을 버리지 못한다. 대학생이 된 성은이는 여전히 이 책과 지난 기억들을 소중한 보물처럼 간직하고 있다.

매일 읽을 분량과 횟수 정하기

고전 독서를 시작하기에 앞서 어떤 방식으로 책을 읽어 나갈 것인지, 구체적인 분량과 횟수 등을 정하는 일도 매우 중요하다. 가족들의 시간적 여유, 상황 등을 충분히 고려해야 중간에 포기하지 않고 고전 읽기를 마무리 할 수 있다.

읽는 도중,
눈으로·입으로·손으로 읽기

눈으로 읽기

가장 기본적인 방법은 일정한 시간을 정해 집중해서 눈으로 읽는 방법, 즉 정독이다. 매일 혹은 일주일에 2, 3회 실천 횟수를 정했다면 그 분량을 반복해서 읽기를 권한다. 가령 《명심보감》을 일주일에 1편씩 2회 읽기로 정했다면 같은 내용을 두 번 반복해 읽으며 내용을 깊이 이해하는 것이다. 눈으로 읽을 때는 손에 색연필, 형광펜 등을 준비하고 있으면 마음에 드는 구절에 바로 표시할 수 있다.

만약 가족이 같은 시간에 모여서 읽기로 했다면 이는 정독이면서도 윤독輪讀(여러 사람이 같은 글을 돌아가며 읽는 방법)이 된다. 윤독은 집중력을 높이기 위한 독서 방법이기도 하다. 시간이 허락하지 않으면 각자 편한 시간을 정해서 따로 읽은 뒤 나눔을 하면 그만이다. 각자 읽더라도 읽은 후 간단히 기록을 남기기로 약속하거나 마음에 와닿는 구절에 스티커를 붙이는 등 미션을 정하면 진행 과정을 서로 잘 파악할 수 있다.

입으로 읽기

집중해서 읽는 것이 어려울 때는 소리 내 읽는 방법(음독)을 권한다. 소리 내 읽다 보면 눈과 입으로 동시에 독서를 하는 것이므로 저절로 집중이 될 수밖에 없다. 조금 더 여유가 있다면 이렇게 음독하는 과정을 녹음하는 것도 좋은 방법이다. 내가 중학생이던 시절 우리학교 영어 선생님은 교과서 본문을 테이프에 녹음해 제출하라는 숙제를 내주시곤 했는데 그 방법에서 아이디어를 얻었다. 아이 성향에 따라 틀린 부분을 고쳐 읽으며 다시 녹음하길 원하는 경우도 때때로 생기는데 나 역시 그런 학생이었다. 카세트에서 나오는 내 목소리가 신기하면서도 어색해 몇 번씩 되돌려 녹음을 했던 것이다. 이렇게 여러 번 반복해서 읽는 과정은 결국 정독과 다독을 실천하는 것과 같다. 음독과 다독이 합쳐지면 내용을 이해하는 것을 넘어서 저절로 외워지는 결과를 기대할 수 있다. 따라서 음독은 발표력에도 긍정적인 영향을 미친다. 만약 음독 독서 이후 감상을 나눌 때 가장 마음에 와닿았던 구절과 그 이유를 발표 형식으로 진행한다면 머릿속 생각을 말로 표현하는 능력이 더 향상될 것이다.

손으로 읽기

손으로 책을 읽는 가장 대표적인 방법은 정약용이 자신의 두 아들에게 적극 권했던 독서법, 바로 필사다. 이 필사는 이름을 날린 문인이나 글쓰기 전문가가 앞다투어 소개하는 독서 방법이기도 하다. 손으로 쓰기 위해서는 천천히 책을 읽을 수밖에 없고 옮겨 적는 동안 또 여러 번 생각하며 그 구절을 반복해서 읽게 된다. 다독과 속독에 치우쳐 행간에 담긴 의미를 자주 놓치는 요즘 아이들에게도 정말 권하고 싶은 방법이다. 직접 손으로 따라 쓰는 게 가장 좋지만 상황이 여의치 않으면 컴퓨터를 활용해 필사할 수도 있다. 하루 한두 구절씩 매일매일 써도 좋고 일주일에 1편씩 분량을 정해서 필사하는 방법도 있다.

가족이 한 권의 노트에 릴레이 형태로 필사하거나 개인 필사 노트를 마련해 가장 와닿았던 구절만 골라서 적는 등 다양한 방식이 있으니 참

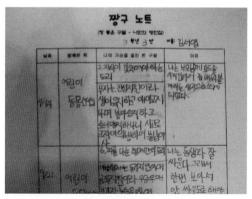

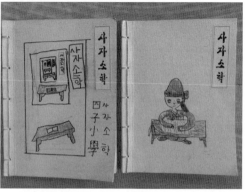

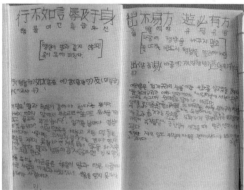

초등 3학년 학생이
실제 기록했던
짱구 노트와 필사 노트.

고하자. 짱 좋았던 구절(짱구)만 필사할 경우 왜 그 구절이 좋았는지 이유를 간단하게나마 같이 기록하기를 추천한다.

아이가 글 쓰는 것에 특별히 거부감이 없는 편이라면 필사에 도전해보자. 필사 한 번이 책 열 번 읽는 효과와 맞먹는다. 필사 노트를 만드는 과정을 놀이처럼 접근해도 좋다. 온 가족이 자신이 사용할 필사 노트를 골라 이런저런 방식으로 꾸며보는 것이다. 앞에 삽입한 사자소학 노트도 필사하기 좋게 여러 가지 방식으로 꾸민 세상에 하나밖에 없는 노트다. 학동이 서당에 가지고 다녔을 법한 서책 형태에 아이가 직접 그린 그림이 보인다. 이렇게 직접 손이 간 노트는 애착을 갖고 사용할 수 있고 오래 간직할 이유가 되기도 한다. 여기에 부모가 공감이나 따뜻한 격려를 글로 적어주는 것도 좋은 방법이다.

학교 사서로 있을 때 우리 학교는 학년별로 인문 고전 독서 프로젝트를 진행하고 있었는데 이때 필사 방식도 여러 차례 소개한다. 고전을 읽으며 필사하는 방식은 크게 혼자서 하는 경우와 가족이 함께하는 경우로 나뉜다. 누구든 원하면 참여할 수 있는 형태로 학년 말까지 무사히 필사를 마친 아이 혹은 가족 노트를 연말 행사 때 학내에 전시할 수 있었고 표창장도 수여했다. 가족 필사 노트는 앞서 소개한 릴레이 형식이다. 전체 분량 중 50% 이상은 아이가 필사하고 나머지 부분은 아빠, 엄마, 형제 등 식구들이 번갈아 가며 완성한다. 굳이 가족 필사 형식을 택한 이유는 두 가지다. 하나는 혼자서 필사하는 데 부담을 느끼는 학생들

아이 혹은 가족 필사 노트를 연말 행사 때 학내에 전시했다.

도 쉽게 도전할 수 있도록, 다른 하나는 필사하는 과정을 통해 다른 가족 구성원도 고전의 유익함을 맛볼 수 있도록 하기 위해서였다.

요즘처럼 온라인으로 독서 나눔을 하는 경우에는 어떻게 손으로 읽기를 실천할 수 있을까? 필사 대신 타이핑이다. 꼭 읽은 부분을 옮겨 적는 게 아니더라도 댓글로 소통할 수 있다. 앞서 예로 든 우리 도서관 고전 가족 독서 동아리도 각자 감명 받은 구절과 이유를 소개하면 모든 이가 서로 피드백을 준다. 이 댓글이 부모의 격려와 같은 역할을 한다. 실제로 자기 부모님뿐 아니라 같이 책을 읽는 친구들, 다른 어른들까지 댓글로 생각을 나눠주기 때문에 아이들은 자주 온라인 카페에 접속한다. 아마도 아이들에게는 자기가 쓴 글에 달린 다양한 의견이 자신감이자 성취감으로 다가오는 듯했다. 이 모습을 지켜보며 형식이 아닌 본질이 중요하다는 사실을 다시금 깨달았다. 필사 노트는 형식을 떠나서 부모와 아이가 함께 책을 읽어 나갈 때 공감과 격려를 주고받는 통로가 되어야 한다.

다 읽은 후,
다양한 형태의 독후 활동

책을 읽을 때 정독, 음독 혹은 낭송, 필사 등 다양한 방법을 구사하는 가장 큰 이유는 독서를 마친 뒤 그 내용을 자신의 언어로 보다 잘 요약하기 위해서다. 이 단계는 자신만의 감상을 더 효과적으로 남기는 데 목적이 있다. 학급을 기준으로 설명하면 독서 정리 및 평가 시간이다. 짱 좋았던 구절과 그 이유에 대해 설명하는 과정은 이미 읽는 도중에 했는데 그것이 독후 활동과 뭐가 다른지 의아한 사람도 있을 것이다. 그런데 책을 다 읽은 후에는 내용 이해에 그치지 않고 한 번 더 깊숙이 들어가 보는 과정이 필요하다. 책 내용을 바탕으로 일상생활에서 비슷한 면을 찾아본다거나 내가 실천할 수 있는 것들을 발견해 다짐하는 등 여러 방식이 있다.

독후에 실시하는 여러 형태의 활동지를 형식적으로 느낄 수도 있다. 그러나 다른 분야도 아닌 고전 독서라면 책을 통해 얻은 지혜를 삶에 적용할 수 있어야 비로소 의미가 있다. 이 과정이 차곡차곡 쌓이면 결국 자신의 인생관을 확고히 할 수 있기 때문이다. 아이들이 이 과정을 얼마나 기특하고 기발한 상상력으로 소화하는지 이후 제시할 자료 및 설명으로 확인하자.

이미지 카드

포스트잇, 몇 장의 이미지, 간단한 필기구만으로도 생각의 폭을 확장할 수 있다. 아래 사진은 6년 전 중학교 아이들과 고전 독서를 진행한 후 이미지 카드로 자신의 생각을 남긴 것이다. 하나는《논어》를 읽고 학學에 대해서(현재 느끼는 학과 미래 예상되는 학의 이미지) 이미지 카드로 표현하도록 한 것이고 다른 하나는《명심보감》교우 편을 읽고 친구를 표현한 결과다. 학생들의 기발한 표현을 다 소개할 수 없어 아쉽지만 자기

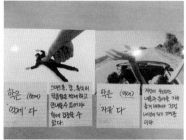

생각을 이미지와 짧은 메모로 함축하는 모습을 지켜보면 감탄이 절로 나온다.

그림 활동지

글짓기 대신 그림으로 감상을 표현하는 것도 효과적인 방법이다. 아래 소개한 그림 활동지는 《명심보감》효행 편을 읽은 아이들이 남긴 기록이다. 당시 한 학급 아이들이 평균 30명 정도였는데 각자 다르게 이 주제를 해석하고 표현하는 모습이 매우 인상적이다. 이 과정에 참여한 아이들도 다른 친구들의 발표를 지켜보며 '아, 이렇게도 해석할 수 있구나' 싶은 생각이 들어 이 시간이 재미있었다고 평가했다.

사실 학년이 올라갈수록 자발적으로 인문 고전 독서를 시작하는 아이

들은 줄어든다. 그러나 시작을 하고 보면 대부분 긍정적으로 평가한다. 읽는 과정이 재미있었다는 평은 물론 '고전 읽기'가 자신에게 도움이 되었다고 말한다.

퀴즈 대회

한번은 중국 춘추 시대 무인(병법가, 군사를 지휘해 전쟁을 승리로 이끄는 데 능한 사람) 손무가 쓴 《손자병법》을 발췌해 아이들과 같이 읽은 뒤 독후 활동으로 퀴즈를 준비한 적이 있다. 이 책은 동서양을 막론하고 사업가나 조직 리더들이 가장 많이 찾는 동양 고전 중 하나인데 '적을 알고 나를 알면 백 번을 싸워도 위태롭지 않다' '싸우지 않고 적을 굴복시키는 것이 최선의 전술이다' 등 불후의 명언이 많아서 문제를 내는 것도 전혀 까다롭지 않다. 《손자병법》은 단순한 병법서를 넘어 시대와 나라를 초월하는 처세 및 지혜를 담고 있다.

가족 고전 읽기를 실천하고 있다면 한 번쯤 가족끼리 퀴즈 대회를 준비해보자. 문제는 3개 정도, 5~10분 이내로 진행하는 것이 적당하고 예능이나 시사 교양 프로그램을 참고해 객관식, 주관식 문답을 만들어 봐도 좋다. 준비하는 과정도 진행하는 과정도 온 가족이 함께 참여할 수 있어서 즐거운 추억이 쌓인다. 다음은 실제 퀴즈 대회에서 사용했던 문항이다.

이 문제의 정답은 ④다. 많은 사람들이 헷갈리는 구절이기도 하다. 원문에는 분명히 '백전불태'라 적혀 있는데 사람들은 종종 '태'를 '패'로 오해한다. 위태할 태殆와 패할 패敗는 그 의미부터가 상이하다. '패'는 전쟁에서 지는 것을 뜻하기 때문이다. 지피지기, 즉 적의 사정과 나의 사정을 알면 백전불태, 백 번 싸워도 위태롭지 않다는 것이 이 문장이 전하려던 바다. 백 번 싸워도 패하지 않는다는 '백전불패'보다 그런 상황에 처할 리 없다는 '백전불태'가 더 넓은 의미로 다가온다.

퀴즈 이후 또 다른 패러디 활동도 가능하다. 아래 제시한 답변은 중학교 2학년 아이들이 손무의 《손자병법》처럼 나만의 지략을 만들어본 것이다. 예를 들면 '철수학법學法'이라 적고 '철수가 생각하는 공부법'이라 풀이하는 식이다. 마찬가지로 '영희효법**효법**'은 '영희가 생각하는 효'로 정리할 수 있다. 아이들이 만든 이 지략을 읽다 보면 무궁무진한 창의력과 재치에 놀라움을 금할 수 없다.

아이들이 만든 철학적 지략들

○○ **숙법** 잠잘 숙(宿), 법 법(法)

한창 성장기 때인 우리에게 잠은 무척 중요하다. 그러므로 숙면에 필요한 다음의 필수 요소를 인지하고 있어야 한다. 첫째, 잘 때 베개를 종아리 쪽 밑에 깔고 자야 한다. 그래야 하루 종일 피로가 쌓여 퉁퉁 부은 다리 붓기가 빠지고 다리도 길어진다. 둘째, 최대한 널찍한 공간에서 자야 한다. 웅크리는 것보다 온몸을 쭉쭉 뻗고 자야 키 성장에 도움이 된다. 셋째, 졸릴 땐 무슨 일이 있어도 자야 한다. 넷째, 규칙적인 수면이 중요하다. 다섯째, TV가 켜져 있는 곳에서 자면 안 된다. TV 화면의 전자파로 몸에 셀룰라이트(지방)가 쌓인다.

○○ **식법** 먹을 식(食), 법 법(法)

첫째, 먹을 때는 먹는 데에만 집중하고 불평 없이 먹는다. 둘째, 끼니는 거르지 않고 제때 먹는다. 셋째, 나눠 먹을 때 그 행복이 증가하므로 친구와 나눠 먹거나 가족과 나눠 먹는다. 넷째, 새로운 음식을 먹을 때는 신중히 계획하고 먹는다. 다섯째, 내 몸에 안 좋은 음식은 아무리 맛있어도 먹지 않는다. 여섯째, 음식은 남기지 않고 먹을 수 있는 만큼 적당히 덜어 먹는다.

○○ 휴법 쉴 휴(休), 법 법(法)

첫째, 쉴 때는 시간을 정하여 쉰다. 둘째, 너무 과하게 쉬지 말자. 셋째, 10분 이상은 쉬지 말자. 넷째, 눈치를 보면서 쉰다. 다섯째, 절대 게임을 하지 않는다. 여섯째, 공부를 마땅히 하고 쉰다.

여유요법 남을 여(餘), 넉넉할 유(裕), 구할 요(要), 법 법(法)

마음을 여유롭게 먹는 데는 네 가지 방법이 있다. 첫째, 남을 보지 마라. 남이 나보다 잘하는 것은 크게 중요하지 않다. 둘째, 나를 너무 보지 마라. 지난번보다 못해도 괜찮다. 그동안 얼마나 늘었는지를 계산하지 말라. 동시에 앞으로 얼마만큼 늘어야 하는지도 세지 말라. 셋째, 모든 일에 집중하라. 집중하면 집중하지 않을 때 오는 불안감을 덜고 여유를 벌 수 있다. 넷째, 너무 많은 것에 욕심내지 말라. 의욕은 좋지만 뭐든 지나치면 좋지 않다. 내가 할 수 있는 것이 무엇인지 보고 거기에 자부심을 가져라. 자부심에서 진정 여유로운 모습이 온다.

○○ **가법** 집 가(家), 법 법(法)

첫째, 집에서는 가족과 소통하려고 노력한다. 둘째, 성적이나 학업 문제로는 싸우지 말고 그냥 혼난다. 셋째, 자신보다 유리한 상대에게는 그냥 진다. 넷째, 가족에게 무심하게 대하지 말라.

고전 읽기 관련 행사 소식

고전 읽기 백일장 대회, 전국 어린이 고전 암송 대회, 고전 길잡이 청소년 캠프… 인문 고전 독서에 대한 관심이 높아지면서 관련 대회나 캠프도 조금씩 늘고 있다. 반드시 수상을 목표로 할 필요는 없지만 경험 삼아 참여해보는 것은 어떨까? 고리타분한 고전 독서에 누가 그리 많은 관심을 가질까 생각하겠지만 막상 대회에 참여하면 고전 독서에 관심을 갖고 모인 수많은 사람들을 만날 수 있다. 수상의 기쁨까지 누린다면 자신감과 성취감은 배가 된다.

가장 오래된 대회는 올해 30회를 맞이하게 될 '전국 고전 읽기 백일장 대회'다. 사단 법인 국민독서문화진흥회에서 민족의 전통 윤리 규범과 인본주의적 심성을 계발하자는 취지로 주관하는 것이 이 행사다. 대상(대통령상), 최우수상(국무총리상), 우수상(문화체육관광부장관상) 외에도 시도교육청교육감상, 국립중앙도서관장상 등 권위 있는 다양한 시상이

초등 아이들과 참여한 23회 전국 고전 읽기 백일장 대회.

기다리고 있다. 매해 시기는 조금씩 차이가 있는데 보통 예선 및 본선이 9~11월 사이에 열린다. 초등 저학년부, 초등 중학년부, 초등 고학년부, 청소년부, 대학부, 일반부 등으로 나뉘며 응모 부문에 따라 원고지 매수가 조금씩 다르다. 나는 23회(초등학교 재직 당시), 24회(중학교 재직 당시)에 학교 아이들과 함께 출전한 경험이 있는데 단체상, 지도자상을 수상한 바 있다. 지금 생각해보면 학교 내에서 아이들과 고전 읽기를 꾸준히 실천했던 점, 교내 고전 백일장 대회를 주기적으로 개최했던 점이 결실에 큰 도움을 준 것 같다.

전국 어린이 고전 암송 대회는 문화체육관광부가 주최하고 한국국학진흥원이 주관한다. 2016년을 기점으로 매해 개최되고 있으며 어린이를 위한 고전 축제 한마당이라 볼 수 있다. 유치원생, 초등학생이라면 누구나 참가할 수 있고 한문교육원 누리집 안내 페이지에서 참가 신청서를 다운 받아 접수한다.《동몽선습》《사자소학》《명심보감》《추구》《격몽요결》등 대상 교재 중 하나를 선택해 3분 분량의 내용을 암송하거나 성독(소리 내 읽는 것)하면 된다. 개인전, 단체전으로 구분하며 참가자가 선택한 부분을 암송하기에 앞서 그 내용과 주제를 선택한 이유를 간단히 소개해야 한다. 2020년도 대회는 코로나19 여파로 취소되었지만 앞으로는 비대면 경연 형식도 생기지 않을까 기대해본다.

대회가 부담스러우면 캠프 형식의 프로그램에 참여해 고전의 즐거움을 먼저 고취하는 방법도 나쁘지 않다. 한국국학진흥원 한문교육원 홈페이지에 접속하면 '고전 길잡이 어린이 가족 캠프' '고전 길잡이 청소년 캠프' 등 다양한 행사 안내를 확인할 수 있다.

부록

아
빠
와
딸
의
논
어
편
지

우리 집이 논어를 읽기 시작한 이유

학교 사서로 근무하며 한창 인문 고전 독서 프로젝트를 시도하느라 노력하고 있을 무렵 큰딸 하은이는 필리핀에 있었다. 중학교 1학년 겨울방학 때 1개월 반 일정으로 단기 어학연수를 떠난 것이다. 그런데 그 사이 우리 집은 갑자기 이사를 해야만 하는 상황이 생겼고 아이가 돌아오면 전학 수속을 밟아야 했다. '이제 막 사춘기에 접어든 딸이 과연 전학을 잘 받아들일 수 있을까?' 문득 딸아이가 당시 홈스테이로 묵던 가정의 자녀가 바기오대학교 부설 과학고등학교UB Science High School에 다니는데 그 학교가 무척 좋다고 했던 말이 떠올랐다. '차라리 진학을 준비해

볼까?'

필리핀은 한국과 달리 중학교 과정이 없고 고등학교 과정이 4년이다. 나중에는 그 기간이 6년으로 늘어났지만 당시에는 그랬다. 아이와 전학과 진학 등 여러 가지 방향에 대해 상의했는데 하은이는 필리핀에 남아 더 공부하기를 원했다. 준비 시간이 2개월밖에 없었지만 홈스테이 가정의 도움으로 튜터를 구할 수 있었고 그 짧은 시간 동안 딸아이도 최선을 다해 공부에 임해줬다. 결과적으로 아이는 합격했고 갑작스레 가족과 떨어져 유학 생활을 시작했다.

미리부터 계획했던 유학이 아니었으니 나는 딸아이가 계속 눈에 밟혔다. 아직 이른 나이에 홀로 멀리 떨어져 모국이 아닌 곳에서 공부해야 하는 상황이 안쓰러웠다. 초등학교 아이들과 고전 읽기를 하면서도 이 좋은 책 읽기를 아이와 함께하지 못한다는 아쉬움이 덩달아 커졌다. 둘째딸도 내가 근무하는 학교로 전학을 오면서 이미 《명심보감》을 같이 읽기 시작했기 때문에 더 그랬던 것 같다. 아무튼 멀리 떨어진 아이를 응원하고픈 마음, 어려운 시기를 잘 견딜 수 있도록 아이에게 버팀목이 있었으면 좋겠다는 바람이 컸던 시기다.

때마침 아이에게 읽고 싶은 책 몇 권을 보내달라는 요청이 왔고 나는 그 편에 《논어》와 《명심보감》을 같이 보냈다. 어쩌다 보니 가족 모두 고전을 읽기 시작했고 하은이에게도 권하고 싶을 만큼 좋은 책이라고, 공부하느라 바빠도 《논어》를 읽으며 필사했으면 좋겠다며 말이다. 아이는 이번에도 엄마 말에 귀를 기울였다. 그때 아이는 스마트폰이나 태블릿, 노트북 같은 기기도 따로 없었고 손으로 필사한다고 하면 서로 확인할 수가 없었다. 당시 머물던 홈스테이 가정에서는 일주일에 딱 2시간 컴퓨터를 사용할 수 있었는데 아이는 그 시간에 논어를 필사하기로 했다. 일주일에 1편씩 타이핑하며 필사하고 가장 마음에 드는 구절과 그 이유를 적어서 메일로 보내기로 한 것이다.

드디어 1편 필사를 마친 아이에게 메일이 왔을 때 안타깝게도 나는 논문 준비로 너무 바빴다. 그래서 아빠가 대신 답장을 쓰기로 했다. 내용도 모르고 회신할 수는 없는 노릇이니 결국 아빠도 《논어》를 읽게 되었다. 아이와 직접 편지를 주고받는 역할은 남편에게 넘어갔지만 다행히 20주 동안 서로 논어 편지를 나눈 당사자들(남편과 큰딸)은 시간이 갈수록 그 기억이 더 멋지고 소중하게 느껴진다고 말한다.

큰아이는 중학교 3학년 때 한국으로 돌아왔다. 외국어고등학교 진학을 희망한다기에 또 다시 치열한 공부를 시작했다. 나는 이때 고전은 잠재력이 정말 많은 학문이라는 사실을 새삼 깨달았다. 1차 서류 전형에 합격하고 2차 면접 시험을 치른 딸아이에게 "논어를 읽었던 게 시험에 큰 도움이 되었어요"라는 얘기를 들었기 때문이다. 아이가 논어를 읽고 따라 적으며 마음의 평정을 얻을 수 있었던 것만으로 감사한데 면접 질문 중 하나가 바로 이 '논어'에서 나왔다. 면접실은 두 개의 방에서 각각 진행되었다. 첫 번째 면접실에서는 주로 자기소개 관련 질문을 받았고 다른 방에서는 독서 및 봉사 관련 질문이 이어졌다. 아이가 독서 관련 질문에 당황 없이 답할 수 있었던 것은 정말로 고전 읽기 덕분이다.

질문

《논어》에 나오는 공자의 말이 21세기 사회에 어떤 영향을 끼치는지 사례를 들어서 설명하시오.

아이는 이주 노동자 사례를 예로 들었다. 불법 체류 중임을 약점 잡아 과한 노동을 시키고 급여조차 주지 않으며 차별을 일삼는 고용주의 태도를 문제 삼았다.

딸아이가 소개한 구절은 《논어》 15편 '위령공' 편 22장 "군자는 그 사람의 말만 듣고서 사람을 등용하지 않으며, 그 사람만 보고서 그의 의견까지 묵살하지는 않는다"였다. 이 구절로 겉모습을 중시하는 사회적 편견을 비판하고 이주 노동자의 인권 존중에 관해 주장했다는 아이의 대답이 기특했던 기억이 난다. 실제로 아이는 논어 편지를 나눌 당시 위령공 편 중 마음에 드는 구절로 22장을 꼽았다. 그 이유를 뭐라고 적었을지 궁금해서 면접 이후 논어 메일을 찾아 파일을 열어보기도 했다. 아이가 적은 편지 내용을 뒤이어 소개한다.

이번 편에는 좋은 구절이 많았다. 그중에서도 특별히 "군자는 그 사람의 말만 듣고서 사람을 등용하지 않으며, 그 사람만 보고서 그의 의견까지 묵살하지는 않는다"라는 말씀이다.

많은 사람들은 다른 이들에게 영향을 받는다. 어떤 사람에 대한 칭찬을 들으면 그 사람을 긍정적으로 보고 그 사람에 대해 좋지 않은 소리를 들으면 색안경을 끼고 보게 된다. 물론 나도 예외일 수는 없다. 예를 들어 어떤 사람이 범죄를 저질렀다는 소문을 내가 들었다고 하자. 설령 그 사람이 진짜 그렇게 나쁜 사람이 아니더라도 내가 과연 그 사람에게 호감을 느낄 수 있을까? 나는 그렇지 못할 것 같다.

그러나 이 책은 군자는 어떤 안 좋은 소식을 들었더라도 그의 의견을 무시하지 않으며 반대로 소문이 좋은 내용일지라도 그것만 듣고 상대를 판단하고 등용하지 않는다고 말하는 것이다. 나의 이런 모습들을 반성하지만 나는 가끔씩 내가 별로 좋아하지 않는 사람들의 의견을 묵살하곤 한다. 왜냐하면 나는 그 사람들에 대해 좋지 않은 감정을 가지고 있으니까. 그러나 나는 군자와 같은 사람이 되고 싶다. 그러니 이제부터라도 내 습관들을 고치려고 노력해야겠지?

하은이의 편지도, 아빠의 답장도 원칙은 가장 마음에 와닿는 한 구절을 고르고 그것에 대한 이유를 적는 것이었지만 편에 따라서 마음에 와닿는 구절이 많으면 많이 적기도 했다. 위령공 편을 읽을 때 하은이는 그 구절 하나를 택했지만 아빠는 여러 구절이 마음에 들었던 모양이다. 그래서 아빠의 회신이 어쩌다 보니 장문이 되었다. 아빠가 적은 편지 내용도 살펴보자.

하은이 말처럼 이번 편에는 좋은 구절들이 많이 나오는구나. 22장의 "군자는 그 사람의 말만 듣고서 사람을 등용하지 않으며, 그 사람만 보고서 그의 의견까지 묵살하지는 않는다"라는 구절에 하은이가 마음에 느낀 바가 크다니 아빠도 이 구절이 마음에 많이 와닿는구나. 앞 구절은 말만 듣고 뽑지 않는 것이고 뒷부분은 외모만 보고 그 말(의견)을 묵살하지 않는 것이니, 같은 말인데도 전자는 말을 너무 믿어서는 안 된다, 후자는 말을 너무 무시하면 안 된다는 뜻으로 이해된다. 그러니 함께 일할 사람을 뽑을 때는 말뿐만이 아니라 여러 가지를 살펴야겠고 다른 사람이 나에게 의견을 제시할 때는 경청해야한다는 뜻으로도 느껴지는구나.
아빠도 사람을 뽑을 때는 신중하지만 누군가 의견을 낼 때는 사람의 외모를 보는 경향이 있었던 것 같다. 그런 면에서 '외모를 보지 않으시고 마음의 중심을 보시고 판단하시는 하나님의 법칙을 익힐 수만 있다면 얼마나 좋을까?' 생각하게 된단다.

2장에서 공자님이 말씀하셨지. "내가 많은 것을 배워서 그것들을 기억하고 있는 것이 아니라 하나의 이치로 모든 것을 꿰뚫어 보신다"라고. 같은 맥락에서 어떤 상황에서든 사람의 중심을 보는 것은 이치라고도 할 수 있는 것 같구나. 누구를 대하거나 무슨 일을 하더라도 마음의 중심을 올바르게 갖는다면 남에게 판단 받거나 무시당하는 일 없이 늘 올바른 길을 갈 수 있을 것이라는 생각이 든다.

위령공 편에 대한 아빠의 답장은 이 뒤로도 한참 더 이어진다. 둘 다 논어 읽기가 처음이다. 물론 남편은 학창시절에 부분적으로 읽어본 적이 있다고 하지만 전체 내용을 이렇게 천천히 읽으며 생각한 것은 처음이라고 했다. 전문가가 이렇다 할 해석을 해주지 않더라도 가족끼리 이렇게 자기 의견을 소소하게 나눌 수 있는 것이 '가족 고전 읽기'의 핵심이 아닐까 싶다.

굳이 큰딸 입시를 예로 들지 않더라도 가끔 다른 학교(가령 특수목적 고등학교) 면접 기출문제를 보면 '역시'라는 생각을 지울 수 없다. 아이들의 인문학적 소양을 두루 평가하고 있기 때문이다. 공자의 '학이지습'에 대해, 정약용이 말하는 참된 앎에 대해 묻는 질문도 있고 더러는 동서양 고전 대가들의 의견을 두루 비교하며 배움에 대해 정의를 내려 보라는 문제도 있다. 고등학교 입시, 대학교 입시뿐 아니라 이제는 공무원 임용 시험에서도 인문학 면접, 인성 검사 등을 다각도로 실시한다고 한다. 사회에서조차 직무 능력 외에 인문학적 소양을 갖춘 사람들을 채용하기 원하는 것이다. 이때 자주 등장하는 인문학 도서는 《논어》《명심보감》《에밀》 등이다.

　물론 아직 닥치지도 않은 입시나 취업을 대비하기 위해 고전을 파라고 말하는 것은 아니다. '인문학'이라는 학문은 바다처럼 방대해서 세세하게 파고들 수도 모조리 기억할 수도 없다. 하지만 나는 일찍부터 고전 읽기를 시작하면 인생을 바라보는 식견 자체가 넓어지기 때문에 절대 손해 볼 일은 아니라고 생각한다. 아무리 노력해도 즐기는 사람을 따라갈 수 없다는 옛말이 있다. 초등 시절 고전의 즐거움을 맛보는 것 자체만으로도 인생의 큰 수확인 셈이다.

어느 가족의
논어 읽기 엿보기

앞서 미리 밝혔듯 지금부터 소개할 논어 편지는 이제 어엿한 대학교 졸업반인 딸아이가 중학교 2학년 때 아빠와 나눈 메일 내용이다. 논어 20편 중 각 1편씩 아이가 가장 마음에 와닿았다는 구절과 그 이유, 아빠의 회신을 같이 소개하려 한다. 아빠와 하은이는 학교 시험 기간이나 캠프 기간 등을 제외하고 장장 8개월이라는 시간 동안 논어 편지를 주고받았다. 종교적인 색채가 두드러지고 사적인 내용도 꽤 있어서 공개해도 좋을지 고민했지만 가족 간 고전 독서를 어찌 시작해야 할지 막막할 학부모, 아이들을 위해 샘플로 삼기에는 좋을 듯해 책 부록 형태로 싣기로 결정했다. 막연히 고전 독서를 어려워하고 시작하지 못하는 가정이 있다면 이 편지를 보며 고전 독서의 힘을 어렴풋이 느꼈으면 좋겠다. 무엇보다 아이와 함께 책 읽기를 이어가며 함께 성장하는 기쁨을 충분히 누릴 수 있기를 바란다.

큰딸 하은이는 지금까지 논술 학원을 한 번도 다녀본 적이 없다. 그렇다고 책을 엄청나게 많이 읽는 다독가도 아니었다. 그런 하은이가 논술 전형으로 대학에 입학했다. 원인이야 여러 가지겠지만 8개월 동안 논어를 필사하면서 고민하고 생각하고 실천하려 애썼던 과거 그 시간을 배제할 수는 없을 것이라는 게 내 결론이다. 고전 독서에 다른 목적은 불필요한 것이지만 묵묵히 이 고전 독서의 세계에 빠져들 때 선물처럼 다가오는 여러 결과들이 있다. 다른 것은 몰라도 《명심보감》《논어》는 초등 시절 미리 읽어두면 그 여파가 오래오래 남을 것이다. 개인적으로는 이 두 권만이라도 꼭 아이와 같이 읽어보기를 권하고 싶다. 많은 분들에게 도움이 되기를 바라며 우리 집 '아빠와 딸의 논어 편지'를 띄운다.

《논어》 | 공자 지음 | 김형찬 옮김 | 현암사 펴냄

논어 제1편 학이 學而

하은이 마음에 와닿은 구절

15장

자공이 말하였다. "가난하면서도 남에게 아첨하지 않고 부유하면서도 다른 사람에게 교만하지 않다면 어떻겠습니까?"

공자께서 말씀하셨다. "그 정도면 괜찮은 사람이지. 그러나 가난하면서도 즐겁게 살고 부유하면서도 예를 좋아하는 것만은 못하다."

내가 가장 마음에 와 닿았던 말씀은 15장에 있는 공자의 말이다. "그러나 가난하면서도 즐겁게 살고 부유하면서도 예를 좋아하는 것만은 못하다." 이 구절이 마음에 와닿았던 이유는 크게 두 가지로 나뉜다. 한 가지는 나에 대한 반성이고 한 가지는 앞으로의 다짐이다.

첫째, 나는 우리 집 가정 형편 때문에 불평할 때가 많았다. 다른 아이들은 비싸고 좋은 것들을 많이 가지고 있는데 나는 왜 없냐고 말이다. 그러나 가난해도 즐겁게 살라는 공자의 말이 내 마음을 찌른다. 우리 집은 넉넉하지는 않지만 가난하지도 않다. 그럼에도 불구하고 내 입에서는 매일 불평이

끊이지 않았다. 비로소 내 행동이 얼마나 잘못 되었는지 깨달을 수 있다. 둘째로 앞으로의 내 다짐이다. 지금까지 잘못된 행동에 대해 충분히 반성했으니 이제부터는 내 상황에 만족할 줄 알고 즐길 줄 아는 사람이 되기 위해 노력해야겠다.

엄마~!
저번 주에 엄마가 보내신 편지도 이제야 읽었네요. 저도 보면서 눈물이 나오려 했어요. 그래도 여기까지 온 것처럼 항상 제 자리에서 최선을 다할게요.
그리고 금요일에 엄마 대학원 종합시험과 성은이 중간고사가 있죠? 모든 가족들이 저를 위해 기도해주신 것처럼 저도 그때까지 밤마다 무릎 꿇고 기도할게요! 엄마, 한 주간도 잘 지내시고 아빠랑 성은이 그리고 할머니 할아버지께도 안부 전해주세요~! 그럼 저는 이만. ^^

아빠 마음에 와닿은 구절
2장
유자가 말했다. "그 사람됨이 부모에게 효도하고 어른에게 공경스러우면서 윗사람 해치기를 좋아하는 사람은 드물다. 윗사람 해치기를 좋아하지 않으면서 질서를 어지럽히기를 좋아하는 사람은 없다. 군자는 근본에 힘쓰는 것이니, 근본이 확립되면 따라야 할 올바른 도리가 생겨난다. 효도와 공경이라는 것은 바로 인을 실천하는 근본이니라!"

하은이가 논어를 썼다는 자체가 귀하다. 그것에 대한 소감을
읽으니 하은이의 내면이 아름답게 다듬어지고 있는 것도 느
껴지는구나. 아빠는 학이 편에서 2장 '근본이 확립되면 따라
야 할 올바른 도리가 생겨난다'는 말이 와닿았다. 내면세계
의 질서가 잡히면 그에 따른 행동과 결과가 절로 생기는 것
이지. 그래서 아빠는 성경을 통해 내면세계의 질서를 갖추고
자 노력하고 있어. 뿌리가 좋으면 그 열매가 좋다는 것과 마
찬가지란다.
사랑하는 하은아, 너의 고등학교(UB Science Highschool) 입학
시험 결과와 좋은 만남을 위해 계속 기도하고 있단다. 이번
주는 수빅에서 즐거운 시간 잘 보내고 와. 아무튼 멋지다. 우
리 하은이 최고! ^^

논어 제2편 위정 爲政

하은이 마음에 와닿은 구절
6장
맹무백이 효에 대해 묻자 공자께서 말씀하셨다. "부모는 오직
그 자식이 병날까 그것만 근심하십니다."

2편 위정 편에서 가장 인상 깊었던 구절은 6장의 뒷부분이다. "부모는 오직 그 자식이 병날까 그것만 근심하십니다." 이 구절을 읽자 마음 한구석이 찔린다. 우리 엄마 아빠는 나를 위해 걱정하시며 열심히 뒷바라지하는데 내가 이렇게 나태해도 되는가? 게을러도 괜찮을까?

학교 입학시험이 끝나고 너무 마음을 확 놓은 것 같다. 물론 현재 어학연수 수업도 계획대로 잘 진행 중이고 숙제도 나름 열심히 하고 있지만 '최선을 다했다'라는 느낌은 그다지 없다. 마음속에 있던 '열정'이라는 작은 새싹이 말라비틀어지고 있는 것 같다. 우리 부모님은 나를 위하고 걱정하고 계실 텐데… 이제부터 열정을 가지고 내 자리에서 최선을 다해야겠다!

아빠 마음에 와닿은 구절

6장

맹무백이 효에 대해 묻자 공자께서 말씀하셨다. "부모는 오직 그 자식이 병날까 그것만 근심하십니다."

하은이의 논어 소감을 보다 보면 나날이 성장하고 있다는 느낌이 드는구나. 멋지다. 위정 편에서는 하은이가 가장 마음에 와닿는 구절과 아빠의 구절이 6장으로 동일하다는 것에 놀랐단다.

아빠는 하은이의 건강을 위해 매일 기도하고 있어. 건강을 조금 확대하면 영육 간에 강건함이겠지. 요즘은 하은이 앞에 새롭게 펼쳐질 '만남의 축복'에 대해 기도하고 있어. 학교생활을 하며 하나님이 예비하신 만남이 분명 있을 거야. 같이 기대하는 마음을 갖자. 그리고 요즘 엄마와 성은이 위해서도 많이 기도했다니 그것도 대견하구나. 그런데 아빠를 위해 기도한다는 말이 없어서 살짝 상처가 되려 했단다. ㅎㅎ

사랑하는 하은아! 모든 것을 감사함으로 받으면 기쁨이 안으로 들어온단다. 그러면 항상 즐거워할 수 있지. 문제가 생겼을 때 그 문제에 집중하면 문제가 작아지기는 하지만 해결되지는 않는단다. 진짜이신 하나님께 집중하면 문제는 저절로 해결될 거야.

다윗이 거인 골리앗을 만났을 때 사울 왕과 이스라엘 군대는 골리앗(문제)을 문제로 보았기에 두려웠지만 다윗은 골리앗을 거인(문제)으로 보지 않고 자기보다 훨씬 작은 자로 보았단다. 그래서 조금도 주저하지 않고 당당히 골리앗의 목을 벨 수 있었지. 그것은 문제에 몰입해서 가짜에 집중한 것이 아니라 진짜인 하나님에 집중했기 때문이야.

우리 하은이가 인생을 살아가면서도 '경쟁'이라는 가짜 문제에 집중하는 것이 아니라 '창조하는 삶'이라는 진짜 문제에 집중하며 살기를 바란다. 창조에 집중하는 사람은 자기 자신에게 충실하며 남을 경쟁자로 여기지 않고 좋은 것들을 창조하기 위해 공부하며 많은 사람을 돕고 살린단다.

조이풀 인 지저스(Joyful in Jesus)! 주 안에서 항상 즐거워하는 우리 하은이가 되길, 아빠와 엄마와 성은이가 되길. 우리 하은이 최고~! ^^

논어 제3편 **팔일** 八佾

하은이 마음에 와닿은 구절

3장

공자께서 말씀하셨다. "사람이 되어서 인하지 못하다면 예를 지킨들 무엇하겠는가? 사람이 되어서 인하지 못하다면 음악을 한들 무엇하겠는가?"

팔일 편에서 내가 인상 깊었던 구절은 3장의 '사람이 되어서 인하지 못하다면 예를 지킨들 무엇하겠는가?'라는 구절이다. 공자 선생님의 옛말 중 '인이란 하루만이라도 자신을 이기고 예로 돌아가는 것'이라는 구절이 있다. 즉 예와 인은 깊은 관계에 있다는 것을 보여준다. 물론 이것을 내 실생활에 적용하기는 어렵지만 이것을 보는 순간 마음에 와닿았다. 이번 편에는 너무 어려운 구절이 많다. (ㅜㅜ) 아무튼 인이라는 덕목을 실천하기 전에 아주 기본적인 예를 실천할 줄 아는

사람이 되어야겠다. 그리고 8장은 이해가 안 되어서 하이라이트로 표시했으니 엄마가 설명해주세요. ^^

늦어서 죄송합니다~!

엄마의 답장

8장

자하가 여쭈었다. "'고운 웃음에 보조개가 아름답고, 아름다운 눈에 눈동자가 또렷하니, 흰 바탕에 무늬를 더하였네'라는 것은 무엇을 말하는 것입니까?"

공자께서 말씀하셨다. "그림 그리는 일은 흰 바탕이 있은 다음이라는 것이다."

자하가 말하였다. "예는 나중 일이라는 말씀이십니까?"

공자께서 말씀하셨다. "나를 일으켜주는 자는 상(자하의이름)이로구나! 비로소 자네와 함께 시를 말할 수 있게 되었구나."

고운 웃음에 보조개가 아름다운 모습, 아름다운 눈에 또렷한 눈동자가 있는 모습… 하지만 이 모든 것은 흰 바탕이 먼저 있고 그 위에 그렸기에 완성된 것이다, 즉 그래야 아름다울 수 있다는 의미야. 결국 바탕이 있어야 그림도 있다는 것이지. 모든 그림이 마찬가지야. 바탕이 준비가 된 다음에 무늬를 넣듯이 마음을 표현하는 예도 바탕이 이루어진 다음에 채워 넣어야 하냐고 되묻는 장면이란다. 조금 어려운 듯한 문장은 10번 정도 되뇌어 읽어 보고 또 책을 덮고 생각해보면 어느 정도 이해가 갈 거야. 아래에 있는 각주를 읽어도 이해에 도움이 된단다.

우리 딸과 이렇게 논어를 읽고 대화를 하니 너무 좋다. 과학고등학교 합격 발표 기다리는데, 아직 무소식이네. 물론 하은이가 이 메일을 읽을 무렵에는 이미 상황이 정해진 뒤겠지만. Good luck to you~! 사랑해 우리 큰딸!

아빠 마음에 와닿은 구절

3장

공자께서 말씀하셨다. "사람이 되어서 인하지 못하다면 예를 지킨들 무엇하겠는가? 사람이 되어서 인하지 못하다면 음악을 한들 무엇하겠는가?"

오, 놀라워라~! 학교 합격한 것 온 마음 다해 축하해~! 이미 받은 것으로 믿고 만남의 축복을 위해 기도해왔지만 합격했을 뿐 아니라 시험에서 다섯 손가락 안에 들었다니 정말 놀랍고 자랑스럽다.

하은아, 유대 문학 《미드라쉬》에 이런 이야기가 있단다. 다윗 왕은 전쟁에서 승리했을 때 너무 교만하지 않고 전쟁에서 패하더라도 결코 좌절하지 않을, 자신에게 용기와 희망을 줄 수 있는 글귀를 반지에 새겨서 가져오라고 보석 세공사에게 명령했어. 보석 세공사는 아름다운 반지를 만들었지만 거기에 새길 글귀가 떠오르지 않아서 지혜롭기로 소문난 솔로몬 왕자를 찾아가서 도움을 청했단다. 솔로몬 왕자는 잠시 생각에 잠겼다가 이렇게 말했지.

"반지에 이 글귀를 새겨 넣으시오. '이것 역시 곧 지나가리라 (Soon it shall also come to pass)'라고."

엄마 아빠가 결혼 10주년을 기념해서 제작한 반지에 새긴 글귀라는 거 알고 있지? 하나님이 함께하신다는 분명한 믿음을 가지고 마음속에 생생한 꿈을 그리며 날로 성장하는 하은이가 될 것이라고 믿고 항상 기도하고 있단다.

논어 3편에서 하은이의 소감을 보니 하은이가 아빠 딸이 분명하다는 생각이 드는구나. 2편에서도 마음에 와닿는 구절이 같았는데 3편에서도 같네~! 인은 어질 인(仁) 자로 사람이 어질다는 것은 심성이 착하면서도 강하다는 것을 의미해. 약한 자에게 강한 티를 내지 않고 겸손히 대하며 관대하고 그들을 도와주기도 하지. 강한 자에게 절대 비굴하지 않고 당당한 사람, 그런 사람들을 '인자'라고 한단다. 성경에서 나오는 같은 말은 '온유한 사람'이라 할 수 있어. 성경 속 인물 중 가장 온유한 사람을 대표하는 것은 모세였고 예수님은 온유의 모범이셨어. '예'라는 것은 겉으로 드러나는 것으로 예도 중요하지만 마음 자체가 더 중요한 것이란다.

그리고 8장의 '흰 바탕'은 내면세계 즉 마음을 가리키는 게 아닐까 생각한다. 내면이 있어야 외양인 고운 얼굴이 있을 수 있지. 흰 바탕처럼 아름다운 마음 위에 고운 얼굴과도 같은 예를 갖춘다면 분명 진정한 강자요 군자라고 할 수 있을 거야. 아빠는 하나님께서 우리 하은이를 내면과 외면을 모두 갖춘 아름다운 사람으로 자라게 하실 거라고 확신하고 있단다.

아빠가 자라는 동안 우리 집 가훈이었던 말이 문득 떠오른다. 이것도 공자님 말씀이야. '군자는 행동으로 말하고 소인은 말로써 행한다.' 사랑하는 하은아~! 정말 대견하고 자랑스럽단다. 좌절하기 쉬운 어려운 환경 속에서 최선을 다하는 일은 분명 아무나 할 수 있는 것이 아니란다. 어버이날 최고의 선물 땡큐~!

논어 제4편 리인里仁

하은이 마음에 와닿은 구절
14장

공자께서 말씀하셨다. "지위가 없음을 걱정하지 말고 그 자리에 설 수 있는 능력을 갖추기를 걱정해야 하며, 자기를 알아주지 않는 것을 걱정하지 말고 남이 알아줄 만하게 되도록 노력해야 한다."

엄마 아빠 오늘도 어김없이 편지를 쓰네요! 리인 편은 인상 깊은 구절이 너무 많아요. 그중에서도 14장 '자기를 알아주지 않는 것을 걱정하지 말고 남이 알아줄 만하게 되도록 노력해야 한다'라는 구절이 특히 와닿았어요.

저는 지금까지 무언가 선한 일을 조금이라도 하면 내심 칭찬받기를 기대했었던 것 같아요. 그런데 이 구절은 그런 제 생각이 틀렸음을 깨닫게 하네요. 제가 충분히 노력하지도 않았는데 남이 알아주기를 바라면 안 된다는 것을 다시금 느끼고 제 자신에 대해서 많이 반성했던 것 같아요.

고등학교 입학시험을 준비할 때 정말로 열심히 공부했고 감사하게도 합격했어요. 여러 사람들의 기도와 소원으로 좋은 결과를 얻은 만큼 입학해서도 제 스스로 만족하도록 열심히 노력할게요! 리인 편의 말씀처럼 제 자리에서 묵묵히 노력하고 최선을 다한다면 그에 대한 성과와 사람들의 인정은 저절로 따라오겠죠? 이젠 이 방법을 모든 일에 접목하여 항상 최선을 다할 거예요. ^^

아빠 마음에 와닿은 구절

12장

공자께서 말씀하셨다. "이익에 따라서 행동하면 원한을 사는 일이 많아진다."

14장

공자께서 말씀하셨다. "지위가 없음을 걱정하지 말고 그 자리에 설 수 있는 능력을 갖추기를 걱정해야 하며, 자기를 알아주지 않는 것을 걱정하지 말고 남이 알아줄 만하게 되도록 노력해야 한다."

16장

공자께서 말씀하셨다. "군자는 의리에 밝고 소인은 이익에 밝다."

사랑하는 하은아! 아빠도 읽으면서 놓친 구절인데, 특별히 하은이가 하이라이트로 표시해줘서 고마워. 하은이가 마음에 와닿는다는 14장이 아빠 마음을 울리는구나. '자기를 알아주지 않는 것을 걱정하지 말고, 남이 알아줄 만하게 되도록 노력해야 한다.' 아빠에게도 꼭 필요한 구절이다.

12장, 16장 '이익을 따르지 않고 의리를 따르며, 덕이 있는 사람은 반드시 이웃이 있다'는 의미의 구절도 인상 깊었단다. 어떤 상황에서도 좋은(상황에 부합하는) 선택을 하는 것보다 올바른 선택을 하는 것이 필요하다는 말이 문득 생각나네.

요즘 아빠는 아침마다 조깅하며 기도하는데 항상 그렇듯이 그곳 학교에서 하은이에게 생길 만남, 그 축복을 위해 기도하고 있단다. 앞으로 학교에서 만날 친구들을 인과 예로 대하는 하은이의 모습이 눈앞에 그려진다.

예전에 성은이가 그곳에 있을 때는 성은이가 그렇게 보고 싶더니 지금은 하은이가 너무 보고 싶네. 늘 예수님 안에서 즐거워하는 우리 하은이가 되길 기도한단다. 아주 많이 사랑해~! 우리 하은이 최고! ^^

엄마의 답장

사랑하는 딸 하은아~! 아빠가 직접 보내는 메일이 왜 전달이 안 되는지 모르겠네. 아무튼 이런 사유로 이번에도 아빠 메일을 엄마가 대신 전달했어. 부족함 많은 엄마 아빠에게 하은, 성은이처럼 귀한 자녀를 선물로 주신 것만으로 너무너무 감사한데 둘 다 이렇게 열심히 생활해주니 너무 고마워. 너희들은 하나님께 영광이고 엄마 아빠에게 기쁨이란다.

어제 저녁 아빠랑 세탁소 가는 길에도 하은이 얘기를 했단다. 하은이가 논어 4편을 읽고 적은 소감에 대해서 말이야. 아빠가 감동받았다고 하면서 하은이의 이런 깨달음이 너무 귀하다고 하더라. 필사를 하는 일이 쉽지만은 않겠지만 이런 기회가 아니라면 언제 또 논어를 접해보겠니? 엄마는 나이 40이 넘어서야 처음으로 접하게 된 논어를 우리 하은이와 나눌 수 있다니 너무 감사하단다.

하은이가 필요한 물품 적어 보낸 것은 엄마가 가능한 구해볼게. 그런데 한국은 지금 여름이라 두꺼운 가디건이나 민무늬

검정색 후드 티는 구할 수 있을지 장담을 못하겠네. 여기서 구할 수 없으면 가을이 될 때까지 기다려야 할 것 같아.

하은아, 우리 가족 모두 매일 아침마다 빠뜨리지 않고 하은이 기도를 하고 있단다. 그곳에서의 생활이 하은이 인생에 터닝 포인트가 되기를 기대하며 기도해. 즐거운 한 주 보내고 사랑한다, 우리 딸~!

논어 제5편 공야장 公冶長

하은이 마음에 와닿은 구절

22장

공자께서 말씀하셨다. "백이와 숙제는 남의 옛 잘못을 염두에 두지 않았고, 이 때문에 이들을 원망하는 사람도 드물었다."

내가 가장 인상 깊었던 구절은 22장에 있는 '옛 잘못을 염두에 두지 않았고, 이 때문에 이들을 원망하는 사람도 드물었다'라는 부분이다.

나는 누군가가 나에게 좋지 않은 행동을 하면 그것을 마음속에 꾹꾹 누르고 있다가 그 사람에게 그대로 되갚아야 편안함을 느꼈다. 그런데 이 구절에서는 전혀 다른 생각을 전하고 있다. 남이 전에 한 잘못을 마음속에조차 염두에 두지 않았다는 것이다. 이 얼마나 신선한 충격인가? 솔직히 안 좋은 일을 아예 신경 쓰지 않고 살아가기는 매우 어렵다. 만약 '옛 잘못을 염두에 두지 않았고'에서 구절이 끝났다면 나는 이것을 그저 좋은 말이라고 생각하고 실천할 생각은 별로 하지 않았을 것이다. 그런데 뒤이어 '이 때문에 이들을 원망하는 사람도 드물었다'라는 말이 나에게 확 와닿았다. 이 얼마나 당연한 이치인가?

그러나 남도 아니고 나 스스로가 이를 실천하고 살기란 매우 어려울 것이다. 나는 내 행동 뒤에 남이 나를 원망한다면 또다시 그 사람에 대해 불평을 품었다. 물론 다른 말씀도 내 마음에 와닿았지만 특히 이 구절을 보고 나를 되돌아보게 되었다. 나를 조금씩 발전시킬 수 있도록 노력해야겠다.

아빠 마음에 와닿은 구절

4장

어떤 사람이 염옹에 대하여 말하였다. "그는 인하기는 하지만 말재주가 없습니다."

공자께서 말씀하셨다. "말재주를 어디에 쓰겠는가? 말재주를 가지고 사람들을 대하면 사람들에게 점점 더 미움을 받게 된다. 그가 인한지는 모르겠지만, 말재주를 어디에 쓰겠는가?"

5장

공자께서 칠조개에게 벼슬살이를 시키려 하시자, 그가 말하였다. "저는 아직 그 일에 자신이 없습니다." 이에 공자께서 기뻐하셨다.

사랑하는 하은아~! ^^ 귀한 깨달음을 나눠주니 고맙다. 남의 잘못을 염두에 두지 않는 것은 어렵지만 그것의 유익은 정말 크단다. 한 가지 고려할 것은 하은이가 남의 잘못을 염두에 두지 않는 수준에 이르더라도 다른 사람들은 그렇지 못해 여전히 하은이의 잘못을 마음에 둘 수 있단다. 심지어 잘못이 아닌데도 마치 잘못인 양 대하는 경우도 많을 거야. 이때 너무 힘들어하지 말고 세상에서 흔히 일어나는 지극히 정상적인 일이라고 생각해주면 좋겠구나.

아빠가 생각하는 기도의 위력은 상대방을 미워하는 마음이 가라앉고 내면에 상처를 남기지 않는다는 점이란. 상황에 잘못 대처해 나도 미워하는 마음을 가지게 되면 그것이 내면에 자리 잡고 있다가 상처를 준 사람과 별개로 아예 다른 환경에서 나를 옭아맬 수 있어. 그러면 잘못된 의사 결정으로 또 다른 큰 실수를 낳기도 하지. 힘든 일은 그때그때 하나님께 기도하고 상대방을 축복해야 하은이 내면에 집을 짓지 못한단다.

아빠가 마음에 와닿은 것은 4장에 '말재주로 사람을 대하면 점점 더 미움을 받게 된다'는 것과 5장 '저는 아직 자신이 없습니다' 하니 공자님이 기뻐하셨다는 구절이야. 말재주가 아닌 진심으로 사람을 대하는 것은 언제나 중요한 일이야. 이미 상대방이 자신의 재능을 알고 벼슬을 주었어도 겸손한 마음을 갖는 것이 필요하다는 의미 같아서 아빠 마음에 와닿았단다. 보통은 자신이 스스로를 나타내려 하고 자기를 알아주지 않음에 걱정하는데 저렇게 남이 알아주고 또 그런 습관에도 겸손할 수 있으니 그 태도가 너무 멋지고 닮고 싶구나.

사랑하는 하은아! 하은이의 형편과 처지가 어떠하든지 아빠 엄마는 언제나 변함없이 너를 신뢰하고 사랑한단다. 아빠가 하은이, 성은이의 아빠라는 것이 너무 감사하고 자랑스럽단다. 우리 하은이 최고~! ^^

논어 제6편 옹야 雍也

하은이 마음에 와닿은 구절

18장

공자께서 말씀하셨다. "무언가를 안다는 것은 그것을 좋아하는 것만 못하고, 좋아하는 것은 즐기는 것만 못하다."

내가 가장 인상 깊었던 구절은 18장의 "무언가를 안다는 것은 그것을 좋아하는 것만 못하고, 좋아하는 것은 즐기는 것만 못하다"라는 부분이다. 정확히 기억나지는 않지만 어디

선가 이 말을 들어본 것 같다. 사람은 자신이 싫어하는 것은 안 하는 경향이 있다. 물론 나도 내가 싫어하는 것은 피하려고 노력한다. 그런데 그것을 좋아하려고 노력하고 그 경지에 다다르고 즐기려고 노력하면 무엇이든 성취할 수 있다는 것이다. 요즘 나는 《그래머 콤퍼지션》^{Grammar composition}이라는 책으로 공부하는 게 가장 하기 싫다. 이것도 좋아하고 즐길 수 있도록 노력해야겠다.

아빠 마음에 와닿은 구절
16장
공자께서 말씀하셨다. "바탕이 겉모습을 넘어서면 촌스럽고, 겉모습이 바탕을 넘어서면 형식적이게 된다. 겉모습과 바탕이 잘 어울린 후에야 군자다운 것이다."

사랑하는 하은아~! ^^ 무언가를 안다는 것은 그것을 좋아하는 것만 못하고 좋아하는 것은 즐기는 것만 못하다는 공자님의 말씀에 아빠도 공감한다.

아빠 경험에 비추면 어떤 문제가 생겼을 때 문제 자체보다 본질에 집중했을 때 오히려 저절로 풀리는 경우가 많았단다. 예를 들어 어떤 문제가 생겼을 때 그 문제를 해결하려고 애쓸수록 깊은 수렁에 빠지는 느낌이 드는데 '내 힘으로 할 수 없다'며 내 연약함을 고백하고 하나님에게 맡기면 신기하게도 문제가 저절로 해결되는 이치란다. 하은이가 연약함을 고백하고 오히려 현실에 감사하는 마음을 가지면, 그리고 이런 마음을 공부나 주변 사람들과의 관계에 적용한다면 분명 어느 책에서도 알려주지 않는 큰 효과를 볼 수 있을 것이라 확신한다.

하은이가 인상 깊었던 내용에 더해 아빠가 또 인상 깊었던 것은 16장의 '바탕이 겉모습을 넘어서면 촌스럽고 겉모습이 바탕을 넘어서면 형식적인 것이 된다'라는 구절이란다. 정말 좋은 땅이 있는데 그곳에 초가집을 짓는다면 어울리지 않고, 땅은 매우 거친데 그곳에 기와집을 짓는다면 그것 역시 어울리지 않겠지. 사람도 이와 똑같다는 생각을 해본다. 우리 인격이나 위치, 신분은 훌륭한데 그에 걸맞지 않은 행동이나 태도를 취한다면 얼마나 촌스럽겠니. 인격이나 내면세계는 다듬어지지 않았는데 겉으로만 예의를 갖추는 척하면 그저 형식에 지나지 않는다는 말이겠지. 모든 일에는 본질이 있고 그에 걸맞은 표현의 균형이 매우 중요하다는 사실을 아빠도 이번 기회에 다시 깨닫는다.

오늘 엄마, 성은이와 함께 밥을 먹으면서 "작년 이맘때는 성은이 만나러 필리핀에 갔었는데 올해는 언니가 그곳 고등학교에 입학했네" 하면서 감사하다는 이야기를 서로 나누었단다. 예전에는 아침마다 출근하며 하은이와 하이파이브를 매일 했듯이 요즘은 성은이와 하이파이브를 하는데 성은이가 "이건 성은이 하이파이브, 또 이건 언니 대신 하이파이브!"라고 말하며 반대쪽 손을 내민다. 그때 아빠가 너무 세게 부딪혀 손이 다 아팠단다. 아마도 그 에너지가 날마다 하은이에게 전해질 것이라 믿는다. 어제보다 오늘, 오늘보다 내일, 올해보다 내년이 더 좋은 날이 되기를 바라며 우리 하은이 너무너무 사랑한다. ♥

논어 제7편 술이 述而

하은이 마음에 와닿은 구절
37장
공자께서는 <mark>온화하면서도 엄숙하시고, 위엄이 있으면서도 사납지 않으시며, 공손하면서도 편안하셨다.</mark>

내가 가장 인상 깊었던 구절은 37장의 '온화하면서도 엄숙하시고, 위엄이 있으면서도 사납지 않으시며, 공손하면서도 편안하셨다'라는 구절이다. 이 부분이 인상 깊었던 이유는 '과연 인간이 이것을 실천할 수 있을까?'라는 의문이 들었기 때문이다. 그만큼 존경스럽다는 이야기다.

나는 온화하려고 하면 내 자신이 풀어지고 위엄이 있으려 하면 사나워지고 공손하려고 하면 누군가에게 복종하는 것 같아 마음 한구석이 불편하다. 그러나 공자는 이것을 완벽하게 실천했다. 그렇기 때문에 공자가 존경받을 수 있었던 것 아닐까? 나도 언젠가는 남에게 존경받는 사람이 되고 싶다. 사람이라면 누구나 한 번쯤 그런 생각을 할 것이다. 그러나 바라기에 앞서 내가 먼저 실천하려고 노력해야 한다. 나도 나의 목표를 이루고자 이 덕목들을 실천할 수 있도록 노력할 것이다.

엄마 아빠 두분 편지 잘 받았어요~!
저를 위해 항상 걱정해 주시고 생각해 주셔서 감사해요.
드디어 내일이 첫 등교 날이에요. 좋은 친구도 많이 사귀고 공부도 열심히 할게요. 사랑해요~!

아빠 마음에 와닿은 구절

11장

공자께서 말씀하셨다. "부가 만약 추구해서 얻을 수 있는 것이라면, 비록 채찍을 드는 천한 일이라도 나는 하겠다. 그러나 추구해서 얻을 수 없는 것이라면 내가 좋아하는 일을 하겠다."

21장

공자께서 말씀하셨다. "세 사람이 길을 걸어간다면, 그중에는 반드시 나의 스승이 될 만한 사람이 있다. 그들에게서 좋은 점은 가리어 본받고, 그들의 좋지 않은 점으로는 나 자신을 바로

잡는 것이다.”

37장

공자께서는 온화하면서도 엄숙하시고, 위엄이 있으면서도 사납지 않으시며, 공손하면서도 편안하셨다.

사랑하는 하은아! 어제 하은이의 밝은 모습을 보니 너무 반가웠단다. 하나님이 허락하신 길이라 마음에 평안이 있지만 우리 하은이가 낯선 환경에 들어가 부딪혀야 할 것을 생각하면 아빠도 부담을 느낀단다. 그런데 잘 적응하는 하은이를 보니 마음이 놓인다. 누구 딸인지? ^^

온화하면서도 엄숙하시고 위엄이 있으면서도 사납지 않으시며 공손하면서도 편안하셨다는 말씀이 아빠도 마음에 와닿았다. 한편으로는 '온화하면서도 엄숙하다'라는 말의 의미를 깊이 생각해 봐야겠다는 마음도 들었어. 공손하면서도 편안한 사람은 어쩌면 가장 인격적인 사람이 아닐까 하는 생각도 해본다. 어떤 상황에서도 모든 사람들에게 공손하기는 분명 어려운 일이니까.

아빠는 21장 말씀을 보니 어릴 때가 생각났어. 그 말을 좌우명처럼 삼은 적도 있었거든. 세 사람이 가면 그중에 반드시 한 사람의 스승이 있어 좋은 것은 본받고 나쁜 것은 반면교사로 삼으라는 그 구절이 아빠 마음에 꽂혀서 이후 누구를 만나든 배울 점을 찾으려 했지. 그러고 보면 아빠도 어린 시절에 나름 인격적인 사람이 되고 싶어서 노력을 많이 한 것 같구나. 그래서 엄마가 아빠 인격에 반했고 우리 하은이, 성은이가 태어났지요. ^^

'부가 추구하여 얻을 수 있는 것이 아니기에 나는 좋아하는 것을 하겠다'는 11장 말씀도 와닿았단다. 사람들은 대부분 부를 추구하고 그게 도를 넘어서 다른 사람의 인격을 월급이라는 값으로 평가하기도 하지. 그렇지만 봐라. 공자님은 부는 추구한다고 얻을 수 있는 게 아니므로 좋아하는 것을 해야 한다고 말씀하시니 이 얼마나 이치에 맞는 말이니. 그런 면에서 좋아하는 일을 하는데 부가 따른다면 더할 나위 없겠지. 예를 들어 좋아하는 음악을 만들면서 돈을 벌고 테니스를 치면서 돈을 벌고 공부를 하면서 돈을 벌고… 이 구절은 계속 보면서 여러 번 생각해도 좋을 것 같구나. 지난날을 돌아보면 아빠는 제대로 대처하지 못한 부분이 많아. 하지만 하은이는 아빠를 반면교사로 삼아 꿈을 잘 그려보길 바란다. 사랑하는 하은아, 더도 말고 덜도 말고 지금처럼만 하자. 아빠 엄마는 항상 우리 하은이의 건강을 위해서 기도한다. 나쁜 일에도 절제가 필요하지만 좋은 일에도 절제가 필요한 만큼 좌로나 우로나 치우지지 않는 지혜로운 하은이가 되길 바란다. 새로운 출발 진심으로 축하하고 주어진 시간 가슴을 열고 마음껏 즐기거라.

논어 제8편 태백泰伯

하은이 마음에 와닿은 구절

21장

공자께서 말씀하셨다. "우임금에 대해서라면 나는 비난할 것이 없다. 자신의 식사는 형편없으면서도 귀신에게는 정성을 다하셨고, 자신의 의복은 검소하게 입으면서도 제사 때의 예복은 아름다움을 지극히 하셨으며, 자신의 집은 허름하게 하면서도 농민들의 관개사업에는 온 힘을 다하셨다. 우임금에 대해서라면 나는 비난할 것이 없다."

내가 인상 깊었던 부분은 21장 "자신의 집은 허름하게 하면서도 농민들의 관개사업에는 온 힘을 다하셨다"이다. 이 글 속 주인공은 우임금이다. 나는 우임금이 누구인지 정확하게 모르지만 이것을 통해 우임금이 성인이었다고 유추할 수는 있다.

'임금'은 과연 어떤 지위를 가질까? 나라의 통치자이다. 그렇다면 자신이 원하는 대로 호화로운 삶을 살 수 있지 않나? 그런데 자신의 집은 허름하게 하면서도 농민들의 관개사업에는 온 힘을 다했다니 대단하다는 생각만 들었다. 나는 내가 손해 보는 일은 잘 안하려고 한다. 그런데 이 구절을 읽으며 내 행동을 조금 바꿀 필요가 있다고 느꼈다.

아빠! 편지 잘 받았어요.

매번 이렇게 정성으로 답장해주셔서 감사해요~!

그 메시지가 항상 저에게 힘이 돼요.

사랑해요~!

아빠 마음에 와닿은 구절

5장

증자가 말하였다. "능력이 있으면서도 능력 없는 사람에게 묻고, 많이 알면서도 적게 아는 사람에게 물었으며, 있으면서도 없는 듯하고, 꽉 차 있으면서도 텅 빈 듯이 하고, 남이 자기에게 잘못을 범해도 잘잘못을 따지며 다투지 않았다. 예전에 나의 친구가 이를 실천하며 살았다."

16장

공자께서 말씀하셨다. "뜻은 크면서 정직하지도 않고, 무지하면서 성실하지도 않으며, 무능하면서 신의도 없다면, 그런 사람은 내가 알 바 아니다."

사랑하는 하은아, 아빠의 글이 힘이 된다니 참 기쁘다. 하은이의 글을 보면 필사하는 하은이 모습이 눈에 선하고 마음에 와닿는 구절을 보면 하은이와 함께 마음을 나누고 있는 지금이 무척 감사하단다.

검소한 우임금의 모습을 보면서 아빠도 스스로를 돌아보게 되었단다. 임금인데 검소하게 사는 것도 어렵지만 백성들 일에 정성으로 관심을 쏟는 것도 더 어려울 수 있잖아. 그런데도 이렇게 백성을 생각하다니 그 나라 사람들은 복이 많다는 생각도 드는구나.

아빠가 인상 깊었던 부분은 5장에 '능력이 있으면서도 능력 없는 사람에게 묻고, 알면서도 모르는 사람에게 묻는다'는 의미의 구절이야. 아빠도 가끔 그렇게 하는데 그 이유는 그 과정을 통해 다른 사람을 배려하는 마음이 기본적으로 커지기 때문이야. 그러면 상대방을 더 자세히 알게 되고 다음에 함께 일할 때 호흡 맞추기가 쉬워지지. 또 상대방은 자신에게 묻고 알려주는 사람에게 파트너 의식을 갖게 된단다. 나 또한 스스로를 돌아볼 수 있으니 여러 모로 유익할 수밖에.

어떤 일은 혼자서 절대 할 수 없는 경우가 있어. 그때 능력이 있으면서도 상대방에게 진지하게 묻는 사람이 있다면 앞으로도 그는 나에게 협력자가 될 가능성이 커. 묻는 과정을 통해 서로 '앞으로 함께할 친구'라는 생각을 하게 되는 거야. 물을 때는 사람을 비하하며 묻는 것이 아니라 그 사람을 진심으로 생각하면서 질문하는 태도가 중요하단다. 가르치려고 하는 사람들이 넘쳐나는 세상에서 알면서도 묻기는 매우 어려운 관계의 기술이라는 생각이 든다.

16장을 읽으며 '뜻은 큰데 정직하지 않은 자, 무지하면서 성실하지 않은 자, 무능하면서 신의가 없는 자'에 대해서도 다시 한 번 생각해봤어. 아빠는 어떤 모습일지 비춰 보면서 말이야. 아빠의 과거를 되짚어 보면 위 세 가지에 모두 해당한 적이 여러 번 있었던 것 같구나. 아빠는 이 나이가 되어서야 과거를 돌아보는데 하은이는 이렇게 어린 나이에 벌써 스스로를 되짚고 점검할 수 있으니 얼마나 아빠보다 앞서 나아갈지 기대가 된다. 뜻이 크면서도 정직하고, 많이 알면서도 성실하고, 능력이 있으면서도 신의를 지키는 하은이와 아빠가 될 수 있도록 노력해보자.

논어 제9편 **자한** 子罕

하은이 마음에 와닿은 구절
21장
공자께서 말씀하셨다. "싹은 솟았어도 꽃을 피우지 못하는 것이 있구나! 꽃은 피어도 열매를 맺지 못하는 것이 있구나!"

21장 "싹은 솟았어도 꽃을 피우지 못하는 것이 있구나! 꽃은 피어도 열매를 맺지 못하는 것이 있구나!"라는 구절이 가장 인상 깊었다. 이 구절은 과연 무엇을 의미 할까? 이것은 잠재되어 있는 능력을 말하는 것이라고 생각한다.
사람들은 누구나 가지고 있지만 발휘하지 못하는 어떤 능력이 있다. 각자 다른 분야겠지만 누구든 하나씩 신에게 받은 능력 같은 것이 있을 것이다. 사람은 매일매일 발전한다. 그러면서 자신도 몰랐던 숨은 재능을 찾아간다. 그런데 그런 노력조차 하지 않는다면 죽기 전에 진정한 꿈을 이룰 수 있을까? 과연 성공한 삶이라고 말할 수 있을까?

어린 나이에 벌써 재능을 찾은 사람도 있고, 어른이 되었지만 아직까지 자신의 재능을 발굴하지 못한 사람도 있을 것이다. 이 구절은 재능 발견의 중요성을 강조하는 듯하다. 아무리 엄청난 능력을 가지고 있더라도 다른 사람에게 보여주지 않고 사용하지도 않는다면 아무 소용이 없다. 나도 사실 내 재능이 정확히 무엇인지 알지 못한다. 하지만 알아갈 것이다. 내가 무엇을 잘하는지, 또 무엇이 적성에 맞는지 발견할 수 있도록 노력해야겠다.

아빠 마음에 와닿은 구절

21장

공자께서 말씀하셨다. "싹은 솟았어도 꽃을 피우지 못하는 것이 있구나! 꽃은 피어도 열매를 맺지 못하는 것이 있구나!"

사랑하고 사랑하는 하은아! 갈수록 내면이 성장하고 있는 하은이의 미래가 더더욱 기대된다. 21장 싹과 꽃과 열매에 대한 비유는 아빠도 크게 와닿았단다. 크게는 아빠 인생에서 작게는 지금 아빠가 하는 일들에 원리를 적용해 지금 어느 단계에 와 있는지 앞으로 무엇을 더 이뤄야 하는지 생각해봤어. 아빠가 좀 더 일찍 이 원리를 알았다면 더 지혜로운 선택을 하고 집중할 수 있었을 텐데 아쉽다. 그렇다면 반드시 열매 맺는 삶을 살 수 있지 않았을까? 그래도 이제라도 알게 되어 다행이다. 앞으로는 싹을 틔우고 꽃을 피우고 열매를 맺는 가치 있는 삶을 위해 더 고민해야겠다는 생각이 들었거든.

고민하는 동안 성경에서 말하는 씨 뿌리기 비유가 떠올랐단다. 씨를 뿌리려면 먼저 땅을 잘 경작해 비옥하게 만든 뒤 좋은 씨앗을 뿌려야 싹을 틔울 수 있지. 꽃과 열매는 그렇게 할 때 저절로 따라오는 선물과도 같단다. 예전에 아빠도 용인 고기리에 막 이사해 밭을 만들 때 자갈과 쓰레기 등을 며칠에 걸려 고르며 땅을 일군 적이 있단다. 거기에 상추며 토마토며 오이, 고추 등 갖은 채소를 심었는데 얼마나 빨리 자라는지 놀랍기만 했지.

아빠는 지금 우리 하은이가 영양분이 좋은 밭을 만드는 과정이라고 생각해. 인격이 다듬어지고 비옥한 땅이 완성되면 삶의 목표라고도 할 수 있는 씨를 뿌릴 수 있지. 그 씨앗이 싹을 틔우면 분명 풍성한 꽃과 열매를 맺을 것이라 확신한단다.

논어 제10편 향당 鄕黨

하은이 마음에 와닿은 구절

12장

마구간에 불이 났었는데, 공자께서 퇴근하시어 "사람이 다쳤느냐?"라고 물으시고는, 말에 대해서는 묻지 않으셨다.

말이라면 지금의 차와 같은 운송 수단이다. 만약 자신이 개인 주차장을 가지고 있는데, 그곳에 큰 불이 났다고 하자. 거기에는 고급 외제차도 몇 대 있다. 그 순간에 당신은 차에 대해 언급하지 않고 사람이 다쳤는지 아닌지만 물어볼 수 있겠는가? 아마 나라면 그러지 못했을 것이다. 분명 차가 안전한지 물었을 것이다. 그런 이유에서 공자는 정말 훌륭한 사람이었음을 느낄 수 있다. 이런 구절을 읽으면 나도 내 생활 방식을 바꿔야겠다는 생각이 든다. 물론 한순간에 그 일이 이뤄지지는 않겠지만 말이다. 차츰차츰 발전하는 내가 되고 싶다.

이번에 밀려서 이번 주에 두 편을 썼네요. 죄송해요.
앞으론 안 밀리고 열심히 쓸게요~!
엄마 아빠 그리고 성은이 항상 건강 조심~!
사랑해요~! ♥

아빠 마음에 와닿은 구절

12장

마구간에 불이 났었는데, 공자께서 퇴근하시어 "사람이 다쳤느냐?"라고 물으시고는, 말에 대해서는 묻지 않으셨다.

아빠도 정확히 12장 구절이 마음에 와닿았는데 하은이의 외제차 비유를 들으니 그 표현이 너무 알맞아서 감탄했단다. 하은아, 엄마가 자주 하는 말인데 인생은 항상 해석이 중요하다고 한다. 아빠가 예전에는 어리석어서 아빠 중심으로 생각했는데 이제는 아빠도 많이 성장해서 엄마 말에 전적으로 동의한단다. 어떠한 내용이든 어찌 해석하느냐에 따라 피가 되고 살이 되지. 12장 말씀도 누군가는 간과할 수도 있는데 하은이처럼 깊이 생각하면 큰 의미가 된단다.

제9편 내용과 연결해서 생각해보기로 하자. 비옥한 밭이 된 하은이가 본격적으로 씨를 뿌릴 때 이 10편 12장을 기억하렴. 물질이나 이익, 상황이 아닌 사람 자체를 소중히 여기는 방법을 택한다면 꽃은 아름답고 열매는 풍성할 테지. 하나님은 자신의 형상을 본떠 사람을 만드셨잖니? 그런 사람들을 소중히 대하는 하은이를 하나님은 분명 크게 축복하실 거야.

사랑하고 사랑하는 하은아! 며칠 전 어느 분에게 싹을 틔우되 꽃을 피우지 못하거나 꽃을 피우되 열매를 맺지 못하는 삶이 되면 안 된다고 했더니 그 분이 아빠 표현에 감동을 받았다고 하더라. 사실은 딸아이가 보내 온 글이라고 대답하니 대견하다며 더 놀라 칭찬했지. 사람의 인격 크기가 비단 나이에 비례하지 않는다는 증거가 아닐까 싶더구나. 성은이는 이번 기말고사에서 1등을 했단다. 한국에 온 지 2개월밖에 되지 않았는데 참 잘했지? 홈스테이 이모와 이모부에게도 소식 전해라. 귀한 나눔 너무 고맙고 사랑하고 또 사랑한다. 하은이 최고!

논어 제11편 선진先進

하은이 마음에 와닿은 구절
4장
공자께서 말씀하셨다. "효성스럽구나, 민자건이여! 부모형제가 그의 효성을 칭찬하는 데 대해 사람들도 트집 잡지 못하는구나."

상대가 아무리 소수라고 해도 사람들에게 인정받는 일은 결코 쉽지 않다. 또한 많은 사람들에게 인정받았다 해도 그렇지 않은 몇몇 사람들은 늘 존재하기 마련이다. 사람은 완벽하지 못해 실수를 만들기 때문이다. 그러나 이 구절에서 민자건의 효성은 누구에게도 트집 잡히지 않았다. 왜일까? 그것은 사람들에게도 그의 노력과 정성이 전해졌기 때문이 아닐까? 물론 민자건도 사람인지라 모든 것을 완벽하게 처리하지는 못했을 것이다. 그러나 그는 평상시 모습으로도 이미 존경받을 만했기에 사람들에게 좋은 인상을 남겼고 때문에 그가 한 조그마한 잘못들이 절로 덮어졌던 것이 아닐까?

나도 인간이기 때문에 모든 것을 완벽하게 할 수는 없겠지만 평상시 사람들에게 좋은 인상을 심어주고 싶은 욕심은 있다. 내가 나서지 않아도 사람들에게 인정받을 수 있도록 노력해야지. 파이팅!

아빠! 편지 잘 받았어요.

이번에도 제가 인상 깊었던 구절과 아빠가 꼽은 구절이 같다니 정말 신기해요! 그저 인상 깊었던 것으로 끝내지 않고 생활에 적용할 수 있도록 최선을 다해야겠어요. 저는 이곳에서 행복하게 잘 지내고 있답니다~! ^^ 아빠 그리고 엄마와 성은이도 항상 한국에서 건강하시고, 사랑해요~! ♥

아빠 마음에 와닿은 구절

21장

자로가 "좋은 말을 들으면 곧 실천해야 합니까?" 하고 여쭙자, 공자께서 말씀하셨다. "부형이 계시는데 어찌 듣는 대로 곧 행하겠느냐?”

염유가 “좋은 말을 들으면 곧 실천해야 합니까?”하고 여쭙자,
공자께서 말씀하셨다. “들으면 곧 행해야 한다.”

공서화가 여쭈었다. “유(자로)가 ‘들으면 곧 실천해야 합니까?’
라고 여쭈었을 때는 선생님께서 ‘부형이 계시는데…’라고 하
셨는데, 구(염유)가 ‘들으면 곧 실천해야 합니까?’하고 여쭈었
을 때는 ‘들으면 곧 행해야 한다’고 말씀하셨습니다. 저는 의아
하여 감히 여쭙고자 합니다.”

공자께서 말씀하셨다. “구(염유)는 소극적이기 때문에 적극적
으로 나서게 한 것이고, 유(자로)는 남을 이기려 하기 때문에
물러서도록 한 것이다.”

사랑하고 사랑하는 하은아~! 우리 하은이가 건강히 잘 지내
고 있으니 이것보다 좋은 소식이 어디 있으랴. 얼쑤~! ^^
효성스러운 민자건을 부모형제가 칭찬하고 사람들이 그것
을 트집 잡지 않는 모습을 보고 민자건의 노력과 정성이 사
람들에게 전해진 것이라 느끼는 하은이의 생각이 틀림없을
거라는 생각이 드는구나. 효성의 대상자는 부모이고 가장 가
까이서 보는 사람은 형제들인데 그들이 칭찬한다는 것은 민
자건의 효성이 그만큼 지극했다는 것이겠지. 훌륭한 사람으
로 성장하는 데 가장 먼저 가족에게 신뢰를 얻는 일은 무척
중요하단다. 밖에서 아무리 칭찬을 들어도 안에서 신뢰를 얻

지 못한다면 모래 위에 집을 짓는 것과 마찬가지일 테니 말이야.

사람들이 민자건을 트집 잡지 않는다는 말을 읽으며 아빠도 느낀 점이 있어. 사람들은 누군가 칭찬받으면 그 칭찬에 꼭 트집을 잡더라는 거야. 많은 사람들이 칭찬하는 데 인색하고 심지어 남이 칭찬을 들을 때 트집 잡기 마련이란다. 아빠와 하은이는 다른 사람의 좋은 점을 잘 발견하고 많이 칭찬하는 사람이 되었으면 좋겠구나.

아빠는 개인적으로 21장 말씀도 와닿았다. 소극적인 사람에게는 좋은 말을 들으면 바로 행해야 한다고 하고, 경쟁심이 강해 남을 이기려 한 사람에게는 물러서도록 했다는 말씀, 아무리 좋은 것일지라도 상대를 잘 판단하고 맞춰서 적용해야 한다고 말하는 것 같았거든. 만일 소극적인 사람에게 천천히 하라고 했으면 더 소극적이 되어 좋은 일도 실천하지 못했을 테고 경쟁심 많은 사람에게 바로 행하라 했으면 욕심을 부리다 오히려 나쁜 결과를 가져왔을 가능성이 컸을 것 같지 않니? 평소 다른 사람의 성향을 잘 분별하고 그에 맞도록 배려하는 능력은 관계에서 꼭 필요한 부분이란다. 아빠도 사람을 잘 분별하지 못해 고생을 많이 했고 지금도 고생하고 있단다. 우리 하은이는 이 말씀을 마음에 새겨서 아빠보다 열 배, 스무 배 훌륭한 사람이 되리라 기대한다.

사랑하는 하은아, 정말정말 사랑해! ♥

논어 제12편 안연 顔淵

하은이 마음에 와닿은 구절
5장

사마우가 근심스럽게 말하였다. "남들은 모두 형제가 있는데 저만이 홀로 없습니다."

자하가 말하였다. "제가 듣건대 죽고 사는 것은 운명에 달려 있고, 부귀는 하늘에 달려 있다고 합니다. 군자가 경건한 마음을 가지고 한순간도 소홀함이 없이 노력하며, 남에게 공손하고 예의를 지킨다면, 온 세상의 사람들이 모두 형제입니다. 군자가 어찌 형제 없음을 근심하겠습니까?"

엄마 아빠 일주일간 잘 지내셨죠? 오늘도 어김없이 주말 2시간을 논어 쓰는 데 사용하고 있어요. (ㅠㅠ) 아직도 어려운 논어지만 읽으면서 많은 깨달음을 얻고 있으니 뜻깊은 것은 사실이에요. 몸의 즐거움을 포기하고 이 논어를 읽고 있으니 분명 얻는 점이 더 많을 것이라 확신해요!

이번에 읽은 제12편 안연 편 중 제 마음을 찌르는 구절이 하나 있었어요. 읽으면서 반성도 많이 했고 동생 성은이도 많이 보고 싶었어요. 사마우가 형제가 없어 근심하고 있을 때 자하가 남긴 말인데, "경건한 마음을 가지고 한순간도 소홀함이 없이 노력하며, 남에게 공손하고 예의를 지킨다면, 온 세상 사람들이 모든 형제입니다"라는 부분이에요.

우선 저는 지금 학교생활에 어느 정도 적응했지만 처음에는 사실 한국 친구들이 전교에 6명밖에 없어서 걱정을 많이 했어요. 아직까지도 그런 걱정은 마음속에 남아 있고요. 태어난 국가가 다르고 나와 쓰는 언어도 다른 친구들이라 어떻게 다가가야 할지 몰랐고 그게 심리적으로 부담이 되었던 것 같아요. 그런데 오늘 읽은 구절을 통해 어느 정도 해결책을 얻은 것 같아 뿌듯해요. 비록 국가와 언어는 다르지만 제가 친구들에게 예의를 지키고 진정한 마음으로 대하면 한층 더 가까워질 수 있겠죠?

저는 또 이 구절을 통해 형제의 소중함도 깨달았어요. 이건 주제에서 조금 벗어나는 얘기지만 한국에 있을 때 동생에게 함부로 대했던 것들도 반성할 수 있었어요. 가끔 동생에게 해서는 안 될 말을 한 적도 있는데 그때는 이유가 타당하다고 생각했거든요. 그런데 지금 생각해보면 모두 후회돼요. 형제가 없어서 고민하는 사람들도 있는데 저는 정작 동생의 소중함을 깨닫지 못했던 것 같아서 조금 부끄러웠어요. 또 이 구절은 형제가 아닌 사람에게도 공경하며 예의를 갖추라고 말하고 있는데 저는 다른 사람에게 공손하고 예의를 지키면서도 정작 가족인 동생에게는 그러지 못한 것 같아요. 먼 곳에 떠나와 있으니 형제의 소중함을 다시금 깨닫게 되네요. 한국에 돌아가면 정말 잘해줄 거예요!

엄마 아빠에게 동생을 한 명 더 낳아 달라고 졸랐던 기억이
나는데요, 피가 섞인 동생만이 형제가 아니라 제 주위의 모
든 이가 형제라는 사실도 새삼 다시 깨달았어요. 물론 제 자
신을 고치고 다른 사람을 배려하는 게 뒤따라야 하겠지만요.
어찌 보면 당연한 말 같아도 실천은 쉽지 않을 거예요. 완벽
해질 수는 없겠지만 제 자신이 부끄럽지 않게 살아가도록 노
력할게요. ^^

아빠 마음에 와닿은 구절
4장
사마우가 군자에 대해서 여쭙자, 공자께서 말씀하셨다. "군자
는 근심하지도 않고 두려워하지도 않는다."
"근심도 하지 않고 두려워하지도 않으면, 곧 그 사람을 군자라
고 할 수 있습니까?"
공자께서 말씀하셨다. "속으로 반성하여 거리낌이 없다면, 무
엇을 근심하고 무엇을 두려워하겠느냐?"

사랑하고 사랑하는 하은아! 시험 보느라 고생 많았지? 고생
하고도 아무런 성장이 없다면 그것이야말로 생고생이지만
그렇지 않다면 오히려 인생의 밑거름이 될 것이란다.
이번 12편에서는 아빠도 같은 것을 느꼈단다. 형제가 없어도
다른 사람들에게 예의를 지킨다면 그들이 형제라고 하였는

데 성경에서도 주 안에 있는 사람을 형제요, 자매라고 하니 그 이유가 같다는 생각이 든다. 무엇보다 성은이와 가족에 대해 하은이가 반성하고 또 다른 사람들을 어찌 대해야 할지 성찰했다니 정말 훌륭하다.

아빠는 4장 '군자는 근심하지도 않고 두려워하지도 않는다'는 말도 와닿았어. 잘못된 일에 대해 속으로 반성하고 마음에 두지 않으면 근심할 필요도 두려워할 필요도 없어 군자가 된다는 의미겠지. 아빠는 아무 것도 염려하지 말고 기도와 간구와 감사함으로 주님을 의지하면 그가 친히 우리 생각과 마음을 지킨다는 성경 구절이 떠올랐단다. 잘못된 일을 하나님에게 고백하면 근심하지도 두려워하지도 않게 되니 군자 되는 길과 진정한 신앙인이 되는 길은 어느 정도 상관관계가 있지 않을까 싶었단다.

그리고 영어로 공부하는 나라에서 우리 하은이가 영어 성적 1등을 차지했다니 정말 멋지다! 대단하구나. 엄마도 옆에서 "다 이루었다"고 이야기한다. 그러니 다른 과목에서 혹시 생각보다 점수가 덜 나와도 기죽지 마~! 성은이는 오늘 용인외고에서 열릴 영어 토론 대회에 참가한다고 일찍 일어나서 밥을 먹고 있단다. 그동안 옆에서 지켜보니 상당히 어려운 주제로 준비하더구나. 아마 입상을 떠나서 성은이에게 좋은 경험이 될 거라는 예감이 든다. 방학인데도 언니처럼 최선을 다하는 성은이 모습이 보기 좋단다.

아빠 엄마가 우리 하은이를 위해서도 매일 기도하고 있어. 학교 입학하고 첫 시험이라 긴장도 많이 했을 텐데 고생 많았다. 푹 쉬고 무엇보다 건강 유의해~!

논어 제13편 **자로** 子路

하은이 마음에 와닿은 구절

28장

자로가 여쭈었다. "어떻게 하면 선비라고 말할 수 있습니까?" 공자께서 말씀하셨다. "서로 진심으로 격려하며 노력하고, 잘 화합하며 즐겁게 지내면, 선비라고 할 수 있다. 벗 사이에서는 서로 진심으로 격려하며 노력하고, 형제간에는 잘 화합하며 즐겁게 지내는 것이다."

내가 인상 깊었던 말은 28장 "서로 진심으로 격려하고 노력하고, 잘 화합하며 즐겁게 지내면 선비라고 할 수 있다"이다. 보통 '선비'라고 하면 우리는 학문에 힘을 쏟는 사람을 생각할 수 있다. 그러나 이 구절은 선비의 성품에 대해 말하고 있다. 진심으로 다른 사람을 대할 줄 알고 따스하게 배려하면 선비라고 할 수 있다는 것이다.

옛날에는 집안 학벌로 선비 시험을 치를 수 있는 사람들을 나누었다고 들었다. 그러니 누군가는 집안이 좋지 못해 뇌물로 벼슬자리에 오르기도 했을 것이다. 나도 공부로 인정받고 싶다. 하지만 그 동시에 진심을 나누고 전할 수 있는 성품 좋은 사람이 되고 싶다.

아빠 마음에 와닿은 구절

19장

번지가 인에 대해 여쭙자, 공자께서 말씀하셨다. "평소에 지낼 때는 공손하고, 일을 할 때는 경건하며, 남과 어울릴 때는 진심으로 대해야 하는 것이니, 비록 오랑캐의 땅에 가더라도 이를 버려서는 안 된다."

28장

자로가 여쭈었다. "어떻게 하면 선비라고 말할 수 있습니까?" 공자께서 말씀하셨다. "서로 진심으로 격려하며 노력하고, 잘 화합하며 즐겁게 지내면, 선비라고 할 수 있다. 벗 사이에서는 서로 진심으로 격려하며 노력하고, 형제간에는 잘 화합하며 즐겁게 지내는 것이다."

사랑하는 하은아! 지난 주 우리 하은이와 영상 통화할 때 엄마가 하은이 모습을 캡처해 SNS 프로필 사진으로 바꾸었는데 사람들 반응이 아주 좋단다. 아빠가 봐도 우리 하은이가 갈수록 예뻐지는 게 이제 어느 정도 그곳 환경에 적응해 자유로움을 누리는 것처럼 느껴진다.

이번 편에는 선비에 관한 정의가 유독 많더구나. 28장 '선비란 진심으로 격려하고 노력하고 잘 화합하며 즐겁게 지내는 자'라는 정의가 하은이에게도 아빠에게도 스스로를 돌아볼 좋은 기준이 되는 것 같아 더 마음에 와닿았어. 이 내용을 좀 더 구분해보면 벗을 대할 때는 진심으로 격려하고 노력하는 것이고 형제를 대할 때는 잘 화합하고 즐겁게 지내야 한다는 내용이 눈에 들어온다.

'친구는 서로 격려하고 함께 노력하는 사이여야 하고 형제는 사이좋게 즐겁게 지내야 하는 사이여야 한다.' 굳이 내용을 이렇게 나눈 이유가 무엇일까? 문득 '철이 철을 날카롭게 하듯이'라는 성경말씀이 떠오른다. 친구는 서로를 발전하도록 돕는 사이여야 한다는 뜻이란다.

반면 형제는 '서로 사랑하라'는 성경말씀이 '사이좋게 즐겁게 지내라'는 표현과 닮아 있구나. 그런 면에서 아빠가 늘 하은이, 성은이에게 하던 말이 있지. "아빠 평생소원은 건강하든 아프든 부자이든 가난하든 그 어떤 상황에서도 일평생 둘이 사이좋게 지내는 것이란다"라고 말이다. 사실 이 내용은 엄마 아빠가 결혼할 때 서로에게 서약했던 말이기도 해. 역시 가족이란 '사랑의 공동체'가 맞는 말인 듯하구나. 가족의 지지를 얻지 못하는 사람은 사랑이 부족한 사람이라 해도 과언이 아닐 것 같아.

28편 구절에서 아빠는 '진심으로'라는 말 또한 마음에 크게 다가왔단다. 19편에도 '진심으로 사람을 대하라'는 내용이 나오는 것을 보니 이 단어는 아무리 강조해도 지나치지 않다는 생각이 들어. 누구를 만나든 진심으로 대하는 것이 무척 중요하지만 아빠가 경험해보니 실천하기는 참 어렵고 입에 발린 칭찬을 하는 사람을 경계하기란 더 어렵단다. 즉, 자신도 남을 진심으로 대해야 하지만 나를 진심으로 대하지 않는 사람을 구분하는 것도 무척 중요한 것이지.

엄마는 아빠를 '사람과 돈에 우유부단한 사람'이라고 평가하곤 했단다. 아빠가 아무리 다른 사람을 진심으로 대하려 노력해도 아빠에게 진심인 사람들을 잘 구분하지 못했기 때문이야. 잘못된 말에 속아 고생하는 모습을 많이 봤으니 엄마도 속이 상했겠지. 하은이가 아빠의 쓰라린 실패를 교훈 삼는다면 그동안 아빠 고생이 헛되지 않을 테니 그것만으로 족하다. 우리 하은이는 공부로 인정받고 싶다고 했고 이미 성과가 조금씩 보이는 데다 앞으로 더 큰 성과를 얻을 것이니 분명 선비로서 부족함이 없으리라는 확신이 든다. 사랑하고 사랑하는 하은아~! 올바르게 성장하기 위해 노력하며 달려가는 너의 열정이 부럽구나. 엄마도, 성은이도 모두 자신의 역할을 잘하고 있느니 아빠만 잘하면 우리 가족은 문제가 없겠다는 생각을 하며 오늘도 파이팅을 외쳐본다!

논어 제14편 헌문 憲問(上)

하은이 마음에 와닿은 구절

8장

공자께서 말씀하셨다. "그를 사랑하면서, 수고롭게 하지 않을 수 있겠는가? 그를 진심으로 대하면서, 깨우쳐주지 않을 수 있겠는가?"

"그를 사랑하면서, 수고롭게 하지 않을 수 있겠는가? 그를 진심으로 대하면서, 깨우쳐주지 않을 수 있겠는가?" 다시 읽어도 너무 멋진 구절이다. 누군가를 진심으로 대한다는 것은 어려운 일인지도 모른다. 그 사람을 진심으로 대한다면 그를 항상 챙길 것이고 또한 잘못된 부분을 가르쳐 그 사람이 더욱 괜찮은 사람이 되도록 도와야 맞다. 그 사람의 발전을 응원해야 한다. 그런데 많은 사람들이 다른 이의 잘됨을 질투한다. 나도 가끔 그렇고… 내 주위 사람에게 진심을 다하고 싶다. 그들을 내 사람으로 만들 수 있도록 노력해야겠다.

엄마! 14편은 너무 길어요. (ㅠㅠ) 그래서 반으로 나누어 보낼게요. 반은 이번 주에 나머지 반은 다음 주에.
아무튼! 아빠 메일 잘 받았어요. 항상 좋은 말씀 전해주셔서 감사해요. 그중 가장 와닿았던 부분은 부자이든 가난하든 그리고 그밖에 어떤 상황이든 항상 변치 말라는 이야기예요. 저는 저에게 안 좋은 일이 있으면 자꾸만 흔들리거든요. 그 말을 듣고 이제 더 힘을 내야겠다는 생각이 들었어요! 나보다 더 힘든 시간을 보내는 사람들도 많으니까. 아무튼 다른 소식도 있어요. 저 아쉽게 2등 했어요. 평균이 0.87점 차이 나요. 다음 학기에는 더 분발하겠습니다! ^^

아빠 마음에 와닿은 구절

8장

공자께서 말씀하셨다. "그를 사랑하면서, 수고롭게 하지 않을 수 있겠는가? 그를 진심으로 대하면서, 깨우쳐주지 않을 수 있겠는가?"

9장

공자께서 말씀하셨다. "정나라에서 사신이 지니고 갈 외교문서를 만들 때는 비심이 초안을 작성하고, 세숙이 검토하며 논의하고, 행인인 자우가 문장을 다듬고, 동리의 자산이 매끄럽게 손질하였다."

사랑하고 사랑하는 하은아~! 놀라운 성적으로 첫 시험 결과를 내다니 진심으로 축하해. ^^ 하은이는 '아쉽다'고 했지만 아빠는 '대단하다'고 하고 싶단다.

14편에서 아빠도 8장 구절이 마음에 와닿았단다. 진심으로 대하면서 상대가 알아준다는 것은 이미 하은이가 얘기했고 아빠는 사랑하면서 수고롭게 대한다는 말이 의미 있게 다가왔다. 사랑한다면 수고를 아끼지 않고 그를 대하는 게 맞는데 아빠는 사랑한다면서 사랑하는 사람들에게 수고를 하지 않았던 것 같아. 오히려 가볍게 대하고 그들이 아빠에게 뭔가를 해주기를 바라는 편이었어. 이기적인 지난날 모습을 돌아보며 반성하게 되었단다.

9장에서 외교문서를 보낼 때 초안, 검토 및 논의, 문장 다듬기, 윤문 등 각자 다른 일을 담당했던 것도 매우 인상 깊었어. 역시 어떤 일이든 혼자서 할 수는 없는 것인가 보다. 각자의 재능을 파악해 그에 맞는 일을 맡는다면 전체적으로 일 완성도는 높아질 수밖에 없겠지.

이번에 하은이가 시험 본 과목 중에 기업가 정신(Entrepreneurship)이 있었지? 기업가에게는 회사 운영을 위해 적합한 인재를 뽑아 적재적소에 배치하는 능력이 매우 중요하단다. 8장 구절처럼 개개인을 대할 때 사랑으로 진심으로 대하는 것도 물론 중요한 덕목 중 하나라고 생각해. 하은이도 앞으로 공동 프로젝트를 수행해야 할 때가 있을 테고 때로는 리더십을 발휘해야 할 순간도 있을 거야. 그때 누구를 어떤 위치에 배치해야 할지, 개개인이 아닌 여러 사람을 융합하려면 어떻게 움직여야 할지 고민이 된다면 이 구절들을 떠올려보렴. 분명 유익한 결과가 나올 거야.

하나님께서 가장 기뻐하는 것은 우리가 하나님께 찬양을 드릴 때란다. 성경 원문을 보면 '노래를 부른다'는 의미가 아니라 우리가 콧노래를 부르듯이 매우 즐거운 상태로 있는 것을 의미해. 즉, 우리가 진심으로 즐거워하는 상태일 때 하나님도 기뻐하신다는 것이지. 하은이는 다음 학기를 준비하며, 아빠는 하반기를 준비하며 '콧노래가 나올 정도로 즐겁다'는 게 어떤 것인지 생각해보도록 하자꾸나. 삶 가운데서 늘 즐거워하는 하은이와 아빠가 되길 바라며. 헌문 다음 편지를 기대하마. ^^

논어 제14편 헌문 憲問(下)

하은이 마음에 와닿은 구절

25장

공자께서 말씀하셨다. "옛날에 공부하는 사람들은 자신의 수양을 위해서 했는데, 요즘 공부하는 사람들은 남에게 인정받기 위해서 한다."

가장 인상 깊었던 구절은 25장 "옛날에 공부하는 사람들은 자신의 수양을 위해서 했는데, 요즘 공부하는 사람들은 남에게 인정받기 위해서 한다"이다.

짧은 인생이지만 뒤돌아보면 나도 사람들에게 인정받으려고 공부를 열심히 했던 것 같다. 나를 수양하기 위해서라기보다 남보다 잘해서 다른 사람들에게 인정받고 싶은 욕구가 더 컸던 것이다. 그래서 남이 나보다 더 잘한다고 생각하면 내 성적이 괜찮음에도 불구하고 내 자신을 비하하곤 했다.

이번 시험 같은 경우도 누군가에게 졌다는 이유만으로 며칠 동안 계속 신경이 쓰이고 조금 분한 마음도 있었다. 이 이야기를 읽고 나서 나의 이런 습관을 버려야겠다는 생각을 했다. 나는 그냥 내 자리만 굳게 지키고 나 자신과의 싸움에서 이기면 되는 것이다. 내가 열심히 하면 언젠가는 그에 대한 보상도 나에게 올 테니깐.

아빠 마음에 와닿은 구절

27장

공자께서 말씀하셨다. "그 직위에 있지 않다면 그 직위에서 담당해야 할 일을 꾀하지 말아야 한다."

28장

증자가 말하였다. "군자는 생각하는 것이 자기의 위치를 벗어나지 않는다."

29장

공자께서 말씀하셨다. "군자는 그의 말이 행동을 넘어서는 것을 부끄러워한다."

이야~! 하은이의 소감을 보니 감탄이 절로 나오는구나. 정말 논어에 필적할 소감문이라 해도 과하지 않을 만큼 하은이의 진정성이 느껴진다. 멋져요~! ^^

하은이가 맘에 와닿은 25장 '군자는 자기수양을 위해 공부하지만 소인은 남에게 인정받기 위해 한다'는 것은 무슨 일을 하던지 그 첫 번째 동기가 중요하다는 이야기를 하는 것 같구나. 세상의 이치대로라면 자기수양을 위해 공부하면 남의 인정은 아마도 절로 따라 올 테니 무엇을 시작하기 전에 동기를 먼저 확립해야겠지. 아빠도 많은 생각을 하게 되는구나.

동기를 분명히 하려면 먼저 내면의 원칙이 필요하단다. 성경을 예로 들면 다윗이 자신을 죽이려는 사울 왕을 피해 지지자들과 같이 동굴에 숨었던 적을 떠올릴 수 있어. 어느 날 삼천 군사를 이끌고 다윗을 찾던 사울이 용변이 급해 혼자 다윗이 숨어 있던 동굴로 들어 온 적이 있단다. 이때 다윗의 지지자들은 "여호와께서 원수 갚을 기회를 주었나이다"라고 말하며 사울을 죽일 것을 권했지만 다윗은 그러지 않았단다. 다윗의 지지자들은 상황 자체에 쏠리는 '외면의 원칙'을 따랐다면 다윗은 '내면의 원칙'이 분명했던 사람인 것이지. 그런 의미에서 남의 인정을 받기 위해 공부한다는 것은 외면의 원칙에 충실한 소인이요, 자신의 수양을 위해 공부한다는 것은 내면의 원칙에 충실한 군자라고 정리해도 좋을 것 같구나.

아빠는 '군자는 자신의 말과 행동이 직위, 위치를 벗어나서는 안 된다'는 의미를 가진 27, 28, 29장 구절도 와닿았단다. 지난 시간을 돌아보면 아빠도 말만 거창하고 행동하지 않거나 자기가 처한 직위에 걸맞지 않은 행동을 하거나 자기 위치와 상관없는 행동을 하거나… 그런 적이 얼마나 많았는지 모르겠어. 자기 스스로를 되돌아보며 깊이 반성하다 보면 주변에 아빠 같은 실수를 하는 사람이 얼마나 많은지도 보게 돼. 그래도 성경을 읽으며 다시 힘을 얻는단다.

사랑하고 사랑하고 사랑하는 하은아~! 인격적으로도 실력으로도 자신을 돌아보며 날로 성장하고 있는 너의 모습이, 그 삶의 태도가 정말 훌륭하구나. 우리 하은이가 모자람 투성이인 이 아빠 딸이 맞는 거지? 정말 멋지도다!

논어 제15편 위령공 衛靈公

하은이 마음에 와닿은 구절
22장
공자께서 말씀하셨다. "군자는 그 사람의 말만 듣고서 사람을 등용하지 않으며, 그 사람만 보고서 그의 의견까지 묵살하지는 않는다."

이번 편에는 좋은 구절이 많았다. 그중에서도 특별히 "군자는 그 사람의 말만 듣고서 사람을 등용하지 않으며, 그 사람만 보고서 그의 의견까지 묵살하지는 않는다"라는 말씀이다.

많은 사람들은 다른 이들에게 영향을 받는다. 어떤 사람에 대한 칭찬을 들으면 그 사람을 긍정적으로 보고 그 사람에 대해 좋지 않은 소리를 들으면 색안경을 끼고 보게 된다. 물론 나도 예외일 수는 없다. 예를 들어 어떤 사람이 범죄를 저질렀다는 소문을 내가 들었다고 하자. 설령 그 사람이 진짜 그렇게 나쁜 사람이 아니더라도 내가 과연 그 사람에게 호감을 느낄 수 있을까? 나는 그렇지 못할 것 같다.

그러나 이 책은 군자는 어떤 안 좋은 소식을 들었더라도 그의 의견을 무시하지 않으며 반대로 소문이 좋은 내용일지라도 그것만 듣고 상대를 판단하고 등용하지 않는다고 말하는 것이다. 나의 이런 모습들을 반성하지만 나는 가끔씩 내가 별로 좋아하지 않는 사람들의 의견을 묵살하곤 한다. 왜냐하면 나는 그 사람들에 대해 좋지 않은 감정을 가지고 있으니까. 그러나 나는 군자와 같은 사람이 되고 싶다. 그러니 이제부터라도 내 습관들을 고치려고 노력해야겠지?

아빠 마음에 와닿은 구절

2장

공자께서 말씀하셨다. "사야, 너는 내가 많은 것을 배워서 그 것들을 기억하고 있는 사람이라고 생각하느냐?"

자공이 대답하였다. "그렇습니다. 아닙니까?"

"아니다. 나는 하나의 이치로 모든 것을 꿰뚫고 있다."

22장

공자께서 말씀하셨다. "군자는 그 사람의 말만 듣고서 사람을 등용하지 않으며, 그 사람만 보고서 그의 의견까지 묵살하지는 않는다."

29장

공자께서 말씀하셨다. "잘못이 있어도 고치지 않는 것, 이것이 바로 잘못이다."

사랑하고 사랑하는 하은아~! ^^ 요즘 우리 하은이 얼굴도 못 보고 스카이프로 통화도 못하니 무척 보고 싶구나. 그래도 아침, 저녁으로 우리 하은이를 위해 기도하니 안 만나도 만난 듯 하나님께서 마음의 위로를 주신단다.

하은이 말처럼 이번 편에는 좋은 구절들이 많이 나오는구나. 22장의 "군자는 그 사람의 말만 듣고서 사람을 등용하지 않으며, 그 사람만 보고서 그의 의견까지 묵살하지는 않는다" 라는 구절에 하은이가 마음에 느낀 바가 크다니 아빠도 이 구절이 많이 와닿는구나. 앞 구절은 말만 듣고 뽑지 않는 것이고 뒷부분은 외모만 보고 그 말(의견)을 묵살하지 않는 것이니, 같은 말인데도 전자는 말을 너무 믿어서는 안 된다, 후자는 말을 너무 무시하면 안 된다는 뜻으로 이해된다. 그러니 함께 일할 사람을 뽑을 때는 말뿐만이 아니라 여러 가지를 살펴야겠고 다른 사람이 나에게 의견을 제시할 때는 경청해야한다는 뜻으로도 느껴지는구나.

아빠도 사람을 뽑을 때는 신중하지만 누군가 의견을 낼 때는 사람의 외모를 보는 경향이 있었던 것 같다. 그런 면에서 '외모를 보지 않으시고 마음의 중심을 보시고 판단하시는 하나님의 법칙을 익힐 수만 있다면 얼마나 좋을까?' 생각하게 된단다.

2장에서 공자님이 말씀하셨지. "내가 많은 것을 배워서 그것들을 기억하고 있는 것이 아니라 하나의 이치로 모든 것을 꿰뚫어 보신다"라고. 같은 맥락으로 어떤 상황에서든 사람의 중심을 보는 것은 이치라고도 할 수 있는 것 같구나. 누구를 대하거나 무슨 일을 하더라도 마음의 중심을 올바르게 갖는다면 남에게 판단 받거나 무시당하는 일 없이 늘 올바른 길을 갈 수 있을 것이라는 생각이 든다.

사랑하고 사랑하는 하은아, 이번 시험에서 지난번보다 좋은 성적을 거두었다니 축하해. 지난 시험 이후 과목별로 부족한 부분들이 무엇인지 정리해서 보냈을 때 아빠는 이미 오늘의 결과를 예상했단다. 바둑 기사도 바둑이 끝나면 항상 처음부터 다시 과정을 복기하며 무엇이 잘못되었는지 혹은 부족했는지 돌아보고 다음을 기약한단다. 결과를 두고 자신을 돌아보는 것은 정말 좋은 습관이야. 공자님은 29장에서 '잘못을 알고도 고치지 않는 것이 바로 잘못'이라고 말씀하셨는데 좋은 것을 알면서도 실행하지 않으면 그 또한 잘못이 아닐까 생각해본다. 그런 면에서 우리 하은이는 정말 훌륭한 거지.

우리는 실수하지 않고 절대 살아갈 수 없단다. 아빠도 잘못된 판단으로 겪은 어려움과 손실로 많은 것들을 배웠어. 지나간 시간을 돌이킬 수는 없지만 올바른 선택으로 만회할 수는 있단다. 요즘 아빠는 새로운 일을 그런 마음으로 대하고 있어. 우리 하은이도 앞으로 살아가면서 실수할 때마다 올바른 선택이 만회의 기회가 된다는 점을 기억하길 바란다. 꿈꾸지 않으면 사는 것이 아니라는, 사랑하지 않으면 사는 것이 아니라는 노랫말처럼 마음껏 꿈꾸고 사랑하며 살아가는 우리 하은이가 되기를! 사랑한다. ^^

논어 제16편 계씨 季氏

하은이 마음에 와닿은 구절

10장

공자께서 말씀하셨다. "군자에게는 항상 생각하는 것이 아홉 가지가 있다. 볼 때는 밝게 볼 것을 생각하고, 들을 때에는 똑똑하게 들을 것을 생각하며, 얼굴빛은 온화하게 할 것을 생각하고, 몸가짐은 공손하게 할 것을 생각하며, 말을 할 때는 진실하게 할 것을 생각하고, 일을 할 때에는 공경스럽게 할 것을 생각하며, 의심이 날 때에는 물어 볼 것을 생각하고, 성이 날 때에는 뒤에 겪을 어려움을 생각하며, 이득될 것을 보았을 때에는 그것이 의로운 것인가를 생각한다."

가장 인상 깊었던 구절은 10장, 그중에서도 '성이 날 때에는 뒤에 겪을 어려움을 생각하며'라는 부분이다. 이 말의 뜻은 무엇일까?

성이 난다고 자신 속에 담아둔 모든 것을 쏟아내면 뒷일을 감당하기 힘들다. 즉, 성이 나도 스스로를 다스릴 줄 알아야 한다는 이야기일 것이다. 머리로는 이 사실을 깨닫고 있으면서도 행동이 따라주지 않을 때가 있다. 다혈질이라고 해야 할까? 어쨌든 나는 화가 나면 욱하는 기질이 있다.

자주 있는 일이 아니더라도 그럴 때 스스로를 조절할 수 있는 힘이 반드시 필요하다. 나를 포함한 대부분의 사람들은 가끔씩 스스로를 조절하지 못해 일을 저지른 뒤 후회하곤 한다. 범죄자들도 마찬가지다. 조금 다른 이야기일수도 있지만 결국 그들도 순간의 판단, 감정 조절을 제대로 하지 못해 죗값을 치르고 있는 것은 아닐까? 이 구절을 읽으며 많은 생각을 했다. 나는 아무리 화가 나도 그 뒤에 겪을 어려움을 생각하며 후회하지 않는 선택을 해야겠다. 그런 삶을 살고 싶다.

아빠 마음에 와닿은 구절

10장

공자께서 말씀하셨다. "군자에게는 항상 생각하는 것이 아홉 가지가 있다. 볼 때는 밝게 볼 것을 생각하고, 들을 때에는 똑똑하게 들을 것을 생각하며, 얼굴빛은 온화하게 할 것을 생각하고, 몸가짐은 공손하게 할 것을 생각하며, 말을 할 때는 진실하게 할 것을 생각하고, 일을 할 때에는 공경스럽게 할 것을 생각하며, 의심이 날 때에는 물어 볼 것을 생각하고, 성이 날 때에는 뒤에 겪을 어려움을 생각하며, 이득될 것을 보았을 때에는 그것이 의로운 것인가를 생각한다."

사랑하는 하은아~! ^^

많이많이 보고 싶네. 연말에 하은이 보러 갈 일을 벌써부터 기대하고 있단다.

아빠도 10장을 보며 지난 삶이 영화 속 한 장면처럼 스쳐 지나갔단다. 그만큼 느낀 바가 크구나. 하은이가 말한 '성을 낼 때는 뒤에 겪을 어려움을 생각하라'는 구절도 많이 와닿았어. 사실 어릴 때부터 아빠의 생활신조 중 하나는 '화를 내지 않는다'였단다. 화를 내면 자기 자신에게 지는 것이라고 생각했기 때문이야. 그런 신조는 시간이 지나 좋은 습관으로 자리 잡았고 가장 가까운 가족에게도 화를 잘 내지 않는 사람으로 인정받을 수 있었단다.

아빠 생각에 이 구절은 화를 내면 여러 모로 실수를 하게 되고 그로 인해 어려움을 겪을 수도 있으니 이 사실을 잘 이해하고 경계하라는 의미 같구나. 한 번 더 생각하고 참으면 상황을 바로 볼 수 있고 화를 냈을 때 자칫 관계가 깨지거나 더 큰 손해를 입는 일을 예방할 수 있을 테니까. 아빠 역시 여러 가지 경험으로 이 부분을 많이 느꼈단다. 사실 화가 날 때 화를 내는 것은 하나님이 우리에게 부여한 자연스러운 본성이기도 하단다. 다만 성경에서는 분을 품되 해질 때를 넘기지 말라고 하셨으니 그날의 화를 그날 푸는 것을 잊지 말아야 한다는 생각을 하게 된다.

10장 '의심이 날 때는 물어볼 것을 생각하라'는 구절도 많이 와닿았단다. 의심이 나면 당사자에게 직접 물어보면 정확히 상황을 알 수 있을 텐데 대부분 상대방을 임의로 판단해 자기도 모르게 실수할 때가 있지. 의심이 날 때 물어보는 태도를 몸에 익히는 것은 물론 어렵지만 제대로 익히면 정말 좋은 습관이라는 사실을 다시금 깨달았어.

10장 '이득을 볼 때는 의로운 것인지를 생각해야 한다'는 의미의 구절도 아빠에게는 구구절절 옳은 말이었단다. 특히 아빠는 경영과 금융 경제를 공부했고 관련 분야에서 사회 경험을 쌓으면서 이득을 잘못 판단해 실수한 적도 있어. 세상을 판단하는 기준은 크게 두 가지로 나뉜다고 하더라. 의로운 것과 의롭지 않은 것. 혹자는 이득인 것과 손해인 것으로 구분기도 하는데 그러면 기준은 총 네 가지가 되겠지. 가장 첫 번째 단계는 당연히 의로운 일을 하면서 이득을 얻는 것이고 두 번째는 의로운 일을 하되 손해를 보는 것이야. 세 번째는 일반 사람들이 많이 추구하는 것으로 의롭지 않더라도 이득이 되는 것이고 네 번째는 결국 세 번째를 추구하다 급기야 의롭지 않은 일로 손해를 보는 것이란다.

오늘 구절에서 언급했듯 무슨 일이든 의로운 일을 택하되 이득을 얻을 수 있는 첫 번째 단계를 추구하는 지혜로운 아빠와 하은이가 되길 간절히 기도한다. 오늘도 우리 하은이 덕분에 너무 귀한 말을 나눴더니 이전보다 더 성장한 느낌이 드는구나. 눈을 들어 넓은 세상을 바라보면서도 눈앞의 작은 풀잎도 같이 볼 수 있는 우리 하은이가 되길 소망하며 무지무지 사랑해~!

논어 제17편 양화 ^{陽貨}

하은이 마음에 와닿은 구절

24장

자공이 여쭈었다. "군자도 미워하는 게 있습니까?"

공자께서 말씀하셨다. "미워하는 게 있지. 남의 나쁜 점을 떠들어대는 것을 미워하고, 낮은 지위에 있으면서 윗사람을 헐뜯는 것을 미워하며, 용기만 있고 예의가 없는 것을 미워하고, 과감하기만 하고 꽉 막힌 것을 미워한다."

"사야, 너도 미워하는 게 있느냐?"

"남의 생각을 도둑질해서 유식한 체하는 것을 미워하고, 불손한 것을 용감하다고 여기는 것을 미워하며, 남의 비밀을 들추어내면서 정직하다고 여기는 것을 미워합니다."

가장 인상 깊었던 구절은 24장 '남의 생각을 도둑질해서 유식한 체하는 것을 미워하고' 부분이다. 사람들은 모두 인정받고자 하는 욕구를 가지고 있다. 그 욕구가 채워지지 못해 힘들어하는 사람들도 많이 봤다. 그러나 원한다고 해서 수단과 방법을 가리지 않고 자신의 욕구를 채우고자 한다면 그것은 옳지 않다.

요즘 학교에서 다른 사람 답안지를 훔쳐보고 좋은 결과를 얻은 친구들을 종종 본다. 그리고 다른 친구들이 점수를 보고 칭찬하면 그것으로 또 기분 좋아한다. 그것은 무엇이겠는가? 나는 그것을 자신의 욕심을 위해 남의 노력을 도둑질한 것이라 생각한다. 다른 사람은 열심히 노력해 얻은 점수를 쉽게 이루고자 한다면 그것은 옳은 일일까? 나도 가끔씩 유혹을 느낀다. '이러다가 나만 점수를 낮게 받고 모두 좋은 점수를 받으면 어떡하지?'라는 생각이 들기 때문이다. 그래도 나는 유혹 앞에 넘어지지 않을 것이다. 내 양심을 누가 들여다본 데도 떳떳한, 멋진 사람이 되고 싶다.

아빠 마음에 와닿은 구절

19장

공자께서 말씀하셨다. "나는 말을 하지 않으련다." 자공이 말하였다. "선생님께서 만일 말을 하지 않으시면 저희들이 어떻게 선생님의 뜻을 따르겠습니까?" 공자께서 말씀하셨다. "하늘이 무슨 말을 하더냐? 사계절이 운행하고 온갖 것들이 생겨나지만, 하늘이 무슨 말을 하더냐?"

24장

자공이 여쭈었다. "군자도 미워하는 게 있습니까?"

공자께서 말씀하셨다. "미워하는 게 있지. 남의 나쁜 점을 떠들어대는 것을 미워하고, 낮은 지위에 있으면서 윗사람을 헐뜯는 것을 미워하며, 용기만 있고 예의가 없는 것을 미워하고, 과감하기만 하고 꽉 막힌 것을 미워한다."

"사야, 너도 미워하는 게 있느냐?"

"남의 생각을 도둑질해서 유식한 체하는 것을 미워하고, 불손한 것을 용감하다고 여기는 것을 미워하며, 남의 비밀을 들추어내면서 정직하다고 여기는 것을 미워합니다."

사랑하고 사랑하는 하은아~! 어제 부산에 할머니 뵈러 갔다 오느라 하은이 얼굴 못 봐서 너무 아쉬웠어.

24장 '남의 지식을 자신의 것인 양 하는 것'을 미워하는 우리 하은이처럼 아빠도 그런 사람을 미워한단다. 고백하자면 예전에 아빠도 남의 지식을 내 지식인 것처럼 착각했던 적이 있었고 아빠 지식을 남에게 정당하지 못한 방법으로 제공한 적도 있어. 시험 때 아빠에게 요청한 사람들에게 몰래 시험 답안지를 보여주곤 했었지. 그때는 그게 다른 사람을 도와주는 것이라 생각했는데 지금 와서 생각하니 잘못된 일이었다는 생각이 드는구나.

같은 24장에서 공자님은 '용기만 있고 예의가 없는 것을 미워한다'고 말했는데 아빠는 이 부분에도 전적으로 동의한다. 남을 생각하고 존중하고 배려하는 사람이 예의를 갖출 수 있고 진정으로 용기가 있는 사람은 타인도 존중하는 법이지. 그 사실을 다시 한번 마음속에 새기는 소중한 시간이었어.

19장에서 봄, 여름, 가을, 겨울 그리고 눈, 비, 햇빛 등 온갖 것을 내는 하늘은 항상 말이 없다는 말이 감동으로 다가왔어. 그래서 당분간은 이 말에 대해 깊이 생각해보려 해. 아마도 이 과정이 나중에 사람들과 관계할 때 매우 유익하게 작용할 것이라는 생각이 든다. 우리 하은이도 이 말의 의미를 잘 헤아려 인생 기준으로 삼기를 권하고 싶구나.

이번에 부산에 예준이네와 함께 오고 가는 길이 무척 즐거웠단다. 할머니께서 하은이 소식 궁금해하셔서 아빠가 자랑 좀 했지. ^^ 사랑하고 사랑하는 하은아! 학업에 있어서나 인격에 있어서 날이 갈수록 성장하는 모습이 정말 대견하고 자랑스럽다. 엄마 소식은 들었지? 엄마가 근무하는 학교 도서관이 전국도서관운영평가에서 국무총리상을 받게 되었어. 덕분에 엄마가 라디오 방송에도 출연했단다. 성은이도 열심히 자신이 해야 할 일을 하고 있어. 하은아~! 오늘도 우리 하은이를 위해 기도할게. 사랑해, 아주 많이. ^^

논어 제18편 미자 微子

하은이 마음에 와닿은 구절
10장
주공이 노공에게 말하였다. "군자는 친족을 소홀히 하지 않고, 대신들로 하여금 써주지 않는다고 원망하게 하지 않으며, 오래도록 함께 일해온 사람은 큰 잘못이 않는 한 버리지 않으며, 한 사람에게 모든 능력을 갖추고 있기를 바라지 않는다."

어쩌다 그런 사람을 만날 때가 있다. 밖에서 다른 사람에게는 정말 친절하게 대하는데 집안에서는 돌변해 가족들을 함부로 대하는 사람 말이다. '가족은 나와 가까운 존재이니 함부로 해도 다 이해해 줄 것이다'라는 가치관 때문일까? 나도 한때 그랬던 적이 있다. 밖에서 친구들에게는 잘하면서 집에 오면 동생을 괴롭힐 때가 있었다. '안에서 새는 바가지가 밖에서도 샌다'라는 말이 있듯이 잠시 동안은 바깥사람들에게 잘하고 내 가족을 소홀히 해도 티가 나지 않겠지만 언젠가는 다 밝혀질 것이다.

가까운 존재란 무엇인가? 가까이 있기 때문에 함부로 할 수 있는 것이 아니라 가까이 있기 때문에 나에게 더 소중하고 위로가 될 수 있는 것이다. 성공했던 사람들 중에 가족을 소홀히 대하다가 망가진 사례를 여럿 보았다. 그 사람들은 자신의 행동이 스스로를 패배로 이끌지 전혀 몰랐을지도 모른다. 처음에는 밝혀지지 않았지만 나중에는 권선징악이라는 말이 적용되었을 수도 있다. 나도 가끔씩 그런 경향이 나타나는데 이제는 그 사실을 깨달았으니 내 가까이 있는 가족들을 더 아끼고 사랑해야지~! ^^♥

아빠 마음에 와닿은 구절

6장

장저와 걸익이 나란히 밭을 갈고 있었는데, 공자께서 지나시다가 자로를 시켜 그들에게 나루터가 어딘지 묻게 하셨다.

장저가 말하였다. "저 수레에서 고삐를 쥐고 있는 사람이 누구신가?"

자로가 말하였다. "공구(공자)이십니다."

"바로 그 노나라의 공구이신가?"

"그렇습니다."

"그렇다면 나루터를 아실 게요."

걸익에게 물으니, 걸익이 말하였다.

"선생은 누구시오?"

"중유(자로)라고 합니다."

"바로 그 노나라 공구의 제자란 말인가요?"

"그렇습니다."

"큰물이 도도히 흐르듯 천하는 모두 그렇게 흘러가는 것인데, 누가 그것을 바꾸겠소? 또한 당신도 사람을 피해 다니는 사람을 따르는 것이 어찌 세상을 피해 사는 사람을 따르는 것만 하겠소?" 그는 뿌린 씨를 흙으로 덮으며 일손을 멈추지 않았다.

자로가 가서 그 일을 아뢰자, 공자께서는 실망스러운 듯이 말씀하셨다. "짐승들과 더불어 한 무리를 이룰 수는 없는 것이다. 내가 이 세상 사람들과 함께하지 않는다면 누구와 함께하겠느냐? 천하에 도가 행해지고 있다면, 내가 관여하여 바꾸려 하지 않을 것이다."

10장

주공이 노공에게 말하였다. "군자는 친족을 소홀히 하지 않고, 대신들로 하여금 써주지 않는다고 원망하게 하지 않으며, 오래도록 함께 일해온 사람은 큰 잘못이 않는 한 버리지 않으며, 한 사람에게 모든 능력을 갖추고 있기를 바라지 않는다."

사랑하는 하은아! ^^

지금까지 하은이가 깨달은 내용 중에서 아빠 마음에 가장 와닿는 내용이라 마음이 무척 기쁘단다. 지난 시간 찬찬히 돌아본다면 오늘 하은이가 깨달은 내용이 바로 아빠가 여러 번 강조하던 것임을 알아챌 수 있을 거야. 그렇지 않다면 더 좋겠지만 불가피하다면 밖에서 욕을 좀 먹더라도 안에서는 서로 존중해야 한다고, 그만큼 가족이 소중하다는 얘기 말이야. 아빠에게는 이게 정말 중요한 삶의 기준이란다. 그래서 늘 형제간 우애를 강조했고 아빠네 사형제의 우애를 위해서도 노력했어. 하은이 성은이에게 바라는 아빠 평생소원도 '둘이 늘 사이좋게 지내는 것'이라고 강조했지.

아빠가 좋아하는 말 중에 '자기 집 잔디를 먼저 깎고 남의 집 잔디를 깎으라'는 조언도 있단다. 관계든 사업이든 먼저 가족을 챙기고 가까운 곳의 일을 잘 해결한 뒤 바깥으로 시야를 돌리라는 말이야. 옛말에 '수신제가치국평천하'라는 명언도 '자기 몸을 먼저 닦고 가정을 다스리고 다음에 나라를 다스릴 수 있다'는 뜻이니 일의 시작이 어디여야 할지 분명히 알 수 있지. 바둑을 두어도 두 집을 짓고 나서 중원으로 진출하면 절대로 죽지 않는단다. 두 집을 짓지 않고 큰 집을 짓겠다고 나서면 대마가 죽을 수 있어. 전체 경기를 망칠 수도 있는 셈이란다. 하은이가 말한 대로 어리석은 사람들은 큰 것을 원하면서도 정작 가장 중요한 것은 소홀히 하다가 원하는 바를 놓치곤 해.

6장에서 걸익이 세상을 피해 사는 것이 매우 중요하다는 취지로 이야기하자 공자님이 세상 사람들과 함께하지 않는다면 누구와 함께하겠느냐며 한탄하는 대목이 마음에 많이 와닿았어. 아빠는 이 말이 '자기가 배우고 익힌 것을 세상에 나가 사용하는 일은 중요하다'는 뜻으로 이해되는 구나.

비록 세상이 부정적인 것들로 가득하더라도 하은이는 깨닫고 배운 모든 내용을 삶에서, 세상 안에서 적용하며 많은 사람들에게 이로운 영향을 끼치기를 소망한다. 사랑하는 하은아, 가족 간에 사랑이 있다면 어떤 어려움도 이겨낼 수 있단다. 늘 가족을 소중히 여기고 가까운 친척들과 친구들도 소중히 여기고, 나중에 커서 우리 하은이도 사랑이 넘치는 가정을 이루기를 바란다. 우리 하은이 최고~! ^^♥

논어 제19편 자장 子張

하은이 마음에 와닿은 구절

8장

자하가 말하였다. "소인들은 잘못을 저지르면, 반드시 꾸며댄다."

'소인들은 잘못을 저지르면, 반드시 꾸며댄다'라는 구절에 뜨끔했다. 나는 소인이라고 할 수 있다. 어른들께 꾸지람을 받으면 그것에 대해 변명하려고 한다. "이거는 이래서 그랬고 저건 저래서 그랬어요." 아마 나는 이 말을 입에 달고 사는지도 모른다. 나도 이런 내 자신을 가끔씩 자책하지만 계속 똑같은 말을 반복하게 된다. 아마 그런 말습관으로 일이 더 꼬였는지도 모른다. 이제부턴 나의 잘못을 인정할 줄 알고 그것을 고치려고 노력하는 내가 되도록 노력해야지.

아빠 마음에 와닿은 구절

8장

자하가 말하였다. "소인들은 잘못을 저지르면, 반드시 꾸며댄다."

사랑하고 사랑하는 하은아! 아빠가 대전에 출장 왔다가 하은이가 보낸 글을 보게 되었단다. 공공기관에서 잠시 짬을 내어 공용 컴퓨터를 사용하는 중이라 가능하면 가장 마음에 와닿는 문장 1개만 적고 하은이와 비교해야겠다는 생각으로 집중해서 책을 읽었어. 그리고 정말 마음에 와닿는 구절을 적었는데 하은이와 똑같은 부분이었단다.

처음에 하은이와 함께 논어에 대해 이야기하면서 크게 두 가지 부분이 신기했어. 그중 하나는 아빠와 하은이가 느끼는 바가 비슷하다는 점, 그런 내용들이 또 모두 성경에 있다는 것이란다. 오늘도 역시 같은 느낌을 받아서 감탄했어.

하은이가 소인이었던 점을 깨닫고 그것을 고치고자 하는 것에 큰 박수를 보낸다. 아빠 경험상 소인임을 깨닫고 조금씩 교정하다 보면 다른 소인들의 부족함이 더 잘 보여서 어느 정도 사람을 분별하게 된단다. 자신의 부족함을 깨닫고 남들의 부족함을 볼 수 있다면 삶에 있어서 매우 큰 지평을 얻는 것이란다. 사랑하고 사랑하는 하은아, 건강 유의하고 늘 우리 하은이를 위해 기도하마.

하은아, 아빠가 어제 공공기관에서 짬을 내 글을 쓰다 보니 꼭 쓰고 싶은 말을 빠뜨렸더구나. "소인은 잘못을 저지르면 반드시 꾸며댄다." 이 글귀에서 아빠는 '반드시'라는 단어가 마음에 와닿았단다. 그냥도 아니고 반드시 꾸며댄다고 하니 그 말이 좀 무섭구나. 그런 행동을 보고도 '그럴 수 있지'라고 생각하면 자칫 사람과 상황을 제대로 구별하지 못해 손해를 볼 수도 있겠다는 생각이 들었거든.

아빠도 소인이었던 적이 있지만 다행히 신앙이 있어서 말씀과 기도와 훈련으로 조금씩 군자의 길을 걸어온 것 같구나. 상황을 꾸며대면 마음에 고통이 오니 이 얼마나 감사한 일이냐. 내가 진실한데 상대방이 그것을 믿지 않으면 어쩔 수 없는 노릇이지만 상대방이 이야기하는데 내 마음이 의심으로 가득하면 그때는 스스로와 상황을 돌아볼 필요가 있는 것 같구나.

이번 주말에 엄마 학교 도서관이 국무총리상을 받은 포상으로 유럽으로 연수를 간단다. 이번에 엄마를 정탐꾼으로 보내고 나중에 우리 가족 모두 함께 가도록 하자.

논어 제20편 요왈 堯曰

하은이 마음에 와닿은 구절

2장

자장이 공자께 여쭈었다. "어떻게 하면 정치를 잘할 수 있습니까?" 공자께서 말씀하셨다. "다섯 가지 미덕을 존중하고, 네 가지 악덕을 물리친다면, 정치를 잘할 수 있다."

자장이 말하였다. "다섯 가지 미덕이란 무엇입니까?" 공자께서 말씀하셨다. "군자는 은혜를 베풀되 낭비하지 않고, 수고롭게 일을 시키면서도 원망을 사지 않으며, 뜻을 이루고자 하면서도 탐욕은 부리지 않고, 넉넉하면서도 교만하지 않으며, 위엄이 있으면서도 사납지 않다."

자장이 말하였다. "어떤 것을 가리켜 은혜를 베풀되 낭비하지 않는다고 합니까?" 공자께서 말씀하셨다. "백성들이 이롭게 여기는 것에 따라서 백성들을 이롭게 한다면, 이것이 곧 은혜를 베풀되 낭비하지 않는 것이 아니겠느냐? 애써 할 만한 일을 가려서 수고롭게 일하게 한다면, 또한 누가 원망을 하겠느냐? 인을 실현하고자 하여 인을 이룬다면, 또 어찌 탐욕스럽다 하겠느냐? 군자가 많든 적든, 작든 크든 간에 감히 소홀하게 하지 않는다면, 이것이 곧 너그럽되 교만하지 않은 것이 아니겠느냐? 군자가 의관을 바르게 하고 시선을 위엄 있게 하여, 그 엄숙한 모습으로 사람들이 바라보고는 그를 어려워한다면, 이것이 곧 위엄은 있으되 사납지 않은 것이 아니겠느냐?"

자장이 말하였다. "무엇을 네 가지 악덕이라고 합니까?" 공자께서 말씀하셨다. "가르쳐주지도 않고서 잘못했다고 죽이는 것을 학대한다고 하고, 미리 주의를 주지도 않고서 결과만 보고 판단한다는 것을 포악하다고 하며, 명령을 내리는 것은 태만히 하면서 기일만 재촉하는 것을 해친다고 하고, 사람들에게 고르게 나누어 주어야 함에도 출납을 인색하게 하는 것을 옹졸한 벼슬아치라고 한다."

내가 인상 깊었던 구절은 2장 끝부분에 있는 '결과만 보고
판단한다는 것을 포악하다고 하며'라는 부분이다. 이 구절
을 읽고 느끼는 것이 많다. 나는 과정보다 결과를 중요시했
다. 과정은 결과로 용서된다고 생각했다. 아마 대부분의 사
람들이 그럴 것이다. 하지만 일이라는 것은 나쁜 과정과 좋
은 결과로 이어질 수 있으며 좋은 과정과 나쁜 결과로 이루
어질 수도 있다. 물론 과정과 결과 모두 나쁘거나 좋을 수도
있다.
내 주변 상황은 그때그때 달라지는 법이다. 학생들은 주로
성적으로 판단을 받는다. 그것이 우리들의 유일한 결과라고
생각하기 때문일까? 그런 것들 때문에 좋은 결과를 만들기
위해 가끔 스트레스를 받는다. 나는 사람들이 결과도 중요하
지만 과정 속 노력들도 이해해줬으면 좋겠다.

아빠 마음에 와닿은 구절

2장

자장이 공자께 여쭈었다. "어떻게 하면 정치를 잘할 수 있습니
까?" 공자께서 말씀하셨다. "다섯 가지 미덕을 존중하고, 네
가지 악덕을 물리친다면, 정치를 잘할 수 있다."
자장이 말하였다. "다섯 가지 미덕이란 무엇입니까?" 공자께

서 말씀하셨다. "군자는 은혜를 베풀되 낭비하지 않고, 수고롭게 일을 시키면서도 원망을 사지 않으며, 뜻을 이루고자 하면서도 탐욕은 부리지 않고, 넉넉하면서도 교만하지 않으며, 위엄이 있으면서도 사납지 않다."

자장이 말하였다. "어떤 것을 가리켜 은혜를 베풀되 낭비하지 않는다고 합니까?" 공자께서 말씀하셨다. "백성들이 이롭게 여기는 것에 따라서 백성들을 이롭게 한다면, 이것이 곧 은혜를 베풀되 낭비하지 않는 것이 아니겠느냐? 애써 할 만한 일을 가려서 수고롭게 일하게 한다면, 또한 누가 원망을 하겠느냐? 인을 실현하고자 하여 인을 이룬다면, 또 어찌 탐욕스럽다 하겠느냐? 군자가 많든 적든, 작든 크든 간에 감히 소홀하게 하지 않는다면, 이것이 곧 너그럽되 교만하지 않은 것이 아니겠느냐? 군자가 의관을 바르게 하고 시선을 위엄 있게 하여, 그 엄숙한 모습으로 사람들이 바라보고는 그를 어려워한다면, 이것이 곧 위엄은 있으되 사납지 않은 것이 아니겠느냐?"

자장이 말하였다. "무엇을 네 가지 악덕이라고 합니까?" 공자께서 말씀하셨다. "가르쳐주지도 않고서 잘못했다고 죽이는 것을 학대한다고 하고, 미리 주의를 주지도 않고서 결과만 보고 판단한다는 것을 포악하다고 하며, 명령을 내리는 것은 태만히 하면서 기일만 재촉하는 것을 해친다고 하고, 사람들에게 고르게 나누어 주어야 함에도 출납을 인색하게 하는 것을 옹졸한 벼슬아치라고 한다."

사랑하고 사랑하는 하은아! '논어 대망의 마지막'이란 하은
이의 메일 제목을 보니 아빠도 하은이와 함께 성취감을 느낀
것 같아서 뿌듯하구나.
오늘 구절에서 '결과만 보고 판단하는 것은 나쁘다'는 구절
에 하은이가 공감했다고 하니 몇 천 년이나 지금이나 상황은
크게 다르지 않은 것 같다는 생각이 든다. 그런 면에서 사람
이 살아가는 이 세계에는 세월과 상관없이 어떤 질서가 있는
게 분명한 것 같다.
하은이가 공감이 갔다는 구절을 좀 더 살펴보니 '미리 주의
를 주지 않고서'라는 단서가 있구나. 관심을 두지 않고 있다
가 결과만 보고 판단하는 것은 포악하지만 반면 미리 주의
를 준 후에 결과를 보는 것은 어느 정도 타당하다고 할 수 있
지 않을까? 진정성은 어디서나 통하는 법이란다. 과정을 열
심히 한 사람은 비록 결과가 만족스럽지 않더라도 충분히 칭
찬받을 만하지. 다만 열심히 했는데도 항상 결과가 별로라
면 과정 자체를 수정하는 방안도 고려할 수 있을 것 같구나.
향방 없이 무조건 열심히 달리는 것은 위험할 수도 있으니까
말이다.
다섯 가지 미덕 중 '은혜를 베풀되 낭비하지 않고'라는 구절
도 아빠는 마음에 와닿았단다. 이 말 뜻을 곰곰 생각해보니

상대방 입장을 고려하지 않고 무작정 베푸는 것과 관련이 있다는 생각이 드는구나. 은혜를 베풀되 낭비한다면 자원을 낭비하는 것일 수도 있고 필요하지 않은 사람에게 베푸는 격이니 말이야. 적절하지 않은 타이밍에 은혜를 베푸는 것도 문제가 될 수 있단다. 돈을 쓰거나 호의를 베풀었는데 상대방에게 아무런 감사의 뜻을 받지 못한다면 어리석은 행동은 아니었는지 돌아봐야 한다는 생각을 해보았다. 오늘 구절은 은혜를 베풀 때를 말하지만 아빠는 은혜를 받을 때도 어떻게 해야 하는지 다시 한 번 고민하는 계기가 되었단다.

사랑하는 하은아, 마지막 20편은 짧아서 좋다는 생각이 들었다. 그동안 하은이가 논어를 통해 느낀 점을 보내올 때마다 아빠는 나날이 성장하는 하은이를 볼 수 있어 정말 대견하고 감사했단다. 이번에 경험한 모든 것들이 고스란히 하은이의 인격에 녹아들어 앞으로 하은이가 성장하고 빛을 발할 때 소중한 자양분이 될 것이라 확신한다.

사랑하고 사랑하는 하은아, 이제 얼마 안 있으면 하은이가 한 학년 과정을 잘 마치고 한국에 들어오겠구나. 만날 날을 생각하면 벌써 기대가 된다. 행복한 크리스마스 보내고 건강 유의해~! 논어 필사 마친 것 다시 한번 진심으로 축하해! ^^

대학생이 된 딸의
논어 필사 후기

　제가 중학생 때 직접 필사하고 아빠와 편지 형식으로 주고받은 내용이 책에 실리다니 신기하네요. 당시 제게 공자의 《논어》를 비롯한 인문 고전 분야의 책들은 직접 펼치기 전까지는 항상 두려움의 대상이었습니다. 한 세기를 이끌었던 위대한 사상가의 말이라고 해도 어려운 한자가 가득하고 제 삶과 동떨어져 보여서 막연히 그렇게 느꼈던 것 같아요. 그러니 2012년 중학생 시절의 저는 고전에 당연히 관심을 두지 않았죠.

　저는 올해 대학교 4학년이 되었습니다. 비록 긴 삶을 살지는 않았지만 인생의 터닝 포인트는 전혀 예상치 못한 순간에 우연히 찾아오는 경우가 많다는 생각을 합니다. 제가 읽은 첫 고전 《논어》 또한 우연한 기회로 접하게 되었으니까요. 결과적으로 이 우연은 제 삶의 전반에 유의미한 변화를 가져다주었습니다. 가족과 떨어져 필리핀에서 혼자 유학 생활을 하던 어느 날, 엄마는 제게 일주일에 논어를 1편씩 읽고 필사해 볼 것을 권했습니다. 책을 읽으며 타이핑(필사)하고 가장 인상 깊은 구절과 그 이유를 정리해서 메일로 보내면 아빠도 같은 형식으로 답장을 해줄 것이라고요. 당시 엄마는 초등학교 사서로 재직하며 초등학생 대상으로 '고전 독서 프로그램'을 진행하고 있었습니다. 그 소식을 간간이 들으며 '아니, 초등학생이 《명심보감》 같은 책을 읽을 수 있다고? 고전이 생각보다 어렵지 않은가?'라는 의문을 가졌던 찰나라서 호기심 반, 관심 반으로 해보겠다 답했습니다. 그 결정적 순간은 이제껏 전혀 무관하다 여긴 고전이 제 삶으로 서서히 스며든 계기였습니다. 바로 그 주부터 저는 거의 매주 논어를 1편씩 읽으며 아빠와 메일을 주고받았습니다. 자그마치 8개월이라는 시간을 들여 필사를 마쳤습니다.

제 첫 고전인 '논어'를 접하며 가장 많이 든 생각은 그 안에 담긴 내용이 사실은 내 삶과 밀접하게 닿아 있구나 하는 점이었습니다. 논어에 적힌 글은 한편으로는 보편적이고 따분한 윤리 규범 같으면서도 신기하게 제가 직접 경험하거나 느꼈던 일상을 얘기하고 있습니다. 누군가 저를 지켜보고 있는 듯 마음에 울림을 주더라고요. 필사할 때 표시한 마음에 와닿는 구절 중 적어도 하나씩은 꼭 제가 그 주에 겪은 사건과 겹쳐 보였습니다. 그 묘한 매력에 점점 빠져들었고 어느 시점부터는 제 생각을 글로 표현하는 과정이 익숙해졌습니다. 아빠의 답장을 보며 같은 글을 읽어도 다양한 시각이 존재할 수 있음을 깨닫기도 했죠. 그저 흘려보낼 수도 있는 일상을 돌아보며 스스로 정리하는 법, 저만의 언어로 표현하는 방법을 익힌 게 가장 큰 수확이었어요. 어제 읽은 글이 오늘의 경험이 될 수도 있다는 사실은 신비롭습니다. 이런 날들이 쌓이면서 자연스럽게 저는 고전에 대한 선입견을 내려놓았습니다.

저는 여전히 글을 쓰는 것을 좋아합니다. 진심을 꾹꾹 눌러 담은 글, 예쁘고 아끼는 표현이 가득한 글, 누군가에게 마음을 전하는 글, 설득력 있는 근거로 다른 사람의 마음을 움직이는 글… 다양한 형태의 글을 좋아하지만 모든 글을 관통하는 본질은 '스스로 무언가를 생각하고 이를 나의 언어로 표현할 줄 아는 힘'에서 나온다고 생각합니다. 물론 고전을 읽고 제 생각을 서술하는 경험은 입시 결과처럼 실질적 혹은 가시적인 효과를 내는 데도 크게 기여했습니다. 하지만 그보다 '나'라는 사람을 지탱하고 지속적으로 성찰하게 하는 뿌리가 된 점이 더 깊은 의미를 가집니다.

제가 볼 때 엄마는 여전히 고전과 함께 살아가고 성장하고 있습니다. 이런 고전의 가치를 더 많은 사람들에게 알리려는 엄마의 진심이 이 책에 가득 담겨 있습니다. 그 과정을 누구보다 강력히 응원하고 지지하는 마음을 이 짧은 글로 대신합니다.

하루 20분
초등 고전 읽기

펴낸날 초판 1쇄 2021년 2월 20일 | 초판 4쇄 2024년 5월 20일

지은이 이아영

펴낸이 임호준
출판 팀장 정영주
편집 김은정 조유진 김경애
디자인 김지혜 | **마케팅** 길보민 정서진
경영지원 박석호 유태호 신혜지 최단비 김현빈

인쇄 상식문화

펴낸곳 비타북스 | **발행처** (주)헬스조선 | **출판등록** 제2-4324호 2006년 1월 12일
주소 서울특별시 중구 세종대로 21길 30 | **전화** (02) 724-7664 | **팩스** (02) 722-9339
인스타그램 @vitabooks_official | **포스트** post.naver.com/vita_books | **블로그** blog.naver.com/vita_books

ISBN 979-11-5846-348-9 13590

비타북스는 독자 여러분의 책에 대한 아이디어와 원고 투고를 기다리고 있습니다.
책 출간을 원하시는 분은 이메일 vbook@chosun.com으로 간단한 개요와 취지, 연락처 등을 보내주세요.

비타북스 는 건강한 몸과 아름다운 삶을 생각하는 (주)헬스조선의 출판 브랜드입니다.